前言
PREFACE

所有的军用、民用飞机在使用过程中都需要飞机勤务人员的支持，从飞机开始进入停机坪，到离开停机坪后进入滑行道为止，这段时间内的所有后勤服务，都是机场勤务人员的工作范围，希望通过本书的学习，能让更多有志于从事飞机勤务工作的学员能够实现自己的梦想。

本书为民用航空器勤务技术课程基础教材。全书共十一个模块，包括进出港指挥，航空器停放与系留，起落架勤务，液压油勤务，滑油勤务，放燃油沉淀，推拖飞机，廊桥、梯架及高空作业防护，驾驶舱清洁，除防冰。本书在编写过程中，注重知识实用性且遵循通俗易懂的原则，将教学内容以理论结合实际的方式进行。同时，避免在书中出现深奥和复杂的理论，强调定性描述飞机地面勤务技术基础知识和实作培训大纲中要求掌握的基本知识点，着眼于基础能力培养和勤务相关技能点在实际维修场景中的应用。

本书依托《民用航空器维修人员执照管理规则》（CCAR-66R3）以及中国民航局咨询通告《航空器维修基础知识和实作培训规范》（AC-66-FS-002 R1）中涉及飞机勤务的相关内容。同时结合了"1+X"民用航空器航线维修职业技能等级证书考核大纲勤务方面的相关内容。

本教材以活页式为特点，主要包括知识准备、安全管理、项目工单、项目评估单、项目拓展五个模块，以实践教学为主，学生可以拆下工单和评估单在实训过程中使用。

本书不仅可以作为航空维修相关院校和CCAR-147维修培训机构的培训教材或参考资料，也可以作为已具备一定基础的飞机维修专业人员的学习用书。

本教材由云南交通运输职业学院（云南交通技师学院）彭钊、朱莎、资张勇、井宏伟、张师旗等参与编写工作，编写期间参考了大量国内外飞机维修资料和中国民用航空局相关资料，在此一并向有关作者和中国民用航空局表示真诚感谢。

绪论部分微课视频

由于编者水平有限，时间仓促，书中难免存在不妥与疏漏之处，敬请广大读者批评指正。

编　者
2023年1月

校企合作双元开发新形态信息化教材
高等职业教育交通运输类技能型人才培养实用教材

飞机地面勤务技术基础

（活页式）

主　编　◎　彭　钊　朱　莎
副主编　◎　资张勇　井宏伟　张师旗

西南交通大学出版社
·成都·

图书在版编目（CIP）数据

飞机地面勤务技术基础：活页式 / 彭钊，朱莎主编. —成都：西南交通大学出版社，2023.9
校企合作双元开发新形态信息化教材　高等职业教育交通运输类技能型人才培养实用教材
ISBN 978-7-5643-9503-2

Ⅰ. ①飞… Ⅱ. ①彭… ②朱… Ⅲ. ①机场勤务–高等职业教育–教材　Ⅳ. ①V35

中国国家版本馆 CIP 数据核字（2023）第 184504 号

校企合作双元开发新形态信息化教材
高等职业教育交通运输类技能型人才培养实用教材

Feiji Dimian Qinwu Jishu Jichu（Huoyeshi）

飞机地面勤务技术基础（活页式）

彭　钊　朱　莎 / 主编

责任编辑 / 宋浩田
封面设计 / 何东琳设计工作室

西南交通大学出版社出版发行
（四川省成都市金牛区二环路北一段 111 号西南交通大学创新大厦 21 楼　610031）
发行部电话：028-87600564　028-87600533
网址：http://www.xnjdcbs.com
印刷：四川玖艺呈现印刷有限公司

成品尺寸　185 mm×260 mm
印张　14.5　字数　333 千
版次　2023 年 9 月第 1 版　　印次　2023 年 9 月第 1 次

书号　ISBN 978-7-5643-9503-2
定价　48.00 元

课件咨询电话：028-81435775
图书如有印装质量问题　本社负责退换
版权所有　盗版必究　举报电话：028-87600562

目 录
CONTENTS

模块 1　进出港指挥 ··· 001

模块 2　航空器停放与系留 ·· 019
　　任务一　飞机轮挡和警示锥 ··· 021
　　任务二　起落架安全销 ·· 031
　　任务三　皮托管套 ··· 041
　　任务四　内话耳机 ··· 053
　　任务五　系留 ··· 073

模块 3　起落架勤务 ··· 087
　　任务一　起落架轮胎勤务 ·· 089
　　任务二　起落架减震支柱勤务 ·· 099

模块 4　液压油勤务 ··· 109

模块 5　滑油勤务 ·· 123

模块 6　放燃油沉淀 ··· 137

模块 7　推拖飞机 ·· 151

模块 8　地面电源供电 ·· 167

模块 9　廊桥、梯架及高空作业防护 ··· 183

模块 10　驾驶舱清洁 ··· 199

模块 11　除防冰 ·· 213

参考文献 ·· 225

模块1　进出港指挥

教学目标

知识目标
1. 学生了解航空器进出港指挥的意义。
2. 学生能够说出进出港指挥的要点。

进出港指挥—进港指挥微课视频

技能目标
1. 学生能够规范做出进出港指挥动作。
2. 学生能够在实际工作中应用进出港指挥动作。

进出港指挥—出港指挥微课视频

素养目标
1. 学生要具备"精益求精、严谨专注、耐心坚持、专业敬业"的民航工匠精神。
2. 具备"严谨、专业、诚信"的维修作风。
3. 学生能够做到:三个敬畏——敬畏生命、敬畏规章、敬畏职责;四个意识——规章意识、风险意识、举手意识、纪律意识;五个到位——准备到位、施工到位、测试到位、收尾到位、交接到位。
4. 学生能够正确实施"工具三清点",任务实施过程中不出现工具丢失的情况。
5. 学生能按照工卡步骤施工,不出现工卡(或工单)步骤遗漏的情况,具备"九字方针"意识(看一条、做一条、签一条),诚信记录,按要求签署工卡。
6. 具备安全意识,不做出可能造成航空器/设备损坏,使人员受伤的行为。

任务导入

当落地的飞机滑行到停机坪时,机坪上有这样一个人,穿着荧光黄色马甲,熟练地用指示棒打着"左转""前进"等航标,指挥飞机停靠,紧接着和同事一起对飞机进行维护检查。他说:"我们这个职业不光夏天要在太阳下晒着,冬天也要在严寒中站着,就算刮风、下雨也要坚守在岗位上,虽然很辛苦,但只要能保证市民乘机出行安全,我们的汗水和付出就是值得的。"

知识准备

航空器入位是指航空器到指定的停机位置,航空器离港是指航空器离开机位,靠自身动力滑行出港。

航空器入位工作应设指挥员和监护员,指挥员负责指挥航空器停放在预定停机位置,监护员负责观察和监视航空器滑行路线上有无障碍物。航空器地面指挥工具为发光指挥棒。自动泊位引导系统不适用或失效时,应由指挥员将航空器指挥到停机位。

航空器出港工作应设指挥员和监护员。指挥员负责与机组、拖车司机建立联系,指挥航空器出港,与监护员共同监控航空器的状态及周围环境的变化,保障安全出港。

为规范维修人员、机组人员之间的交流动作,定义下列手势信号:

(1)航空器指挥手势:在航空器移动和发动机启动期间,维修人员与机组人员联络时使用的手势信号。

(2)航空器牵引手势:执行牵引工作时,维修人员与航空器牵引车驾驶员联络时使用的手势信号。

航空器指挥动作规范如表 1-1 所示。

表 1-1　航空器指挥动作规范

动作说明	图示	
(1)确定机位: 双臂完全伸展,举过头顶,指挥棒指向上方,前后移动双手,引起机组人员注意		
(2)直线滑行: 伸展双臂,肘部弯曲,并将指挥棒从腰部至头部上下移动		
(3)减速: 手臂伸展,将指挥棒从腰部至膝盖上下小幅移动		

续表

（4）向右转（从驾驶舱机组成员角度看）： 左臂和指挥棒伸展开至与身体呈90°，右手做前进的手势信号。右手动作的频率表示所需的航空器移动速度		
（5）向左转（从驾驶舱机组成员角度看）： 右臂和指挥棒伸展开至与身体呈90°，左手做前进的手势信号。左手动作的频率表示所需的航空器移动速度		
（6）停止/紧急停止： 将双臂和指挥棒完全伸展，在头顶上方交叉		
（7）留在原地/待命： 向下完全伸展双臂和指挥棒，与身体两侧呈45°。保持姿势，直至航空器准备好进行下一步操作		

续表

（8）由下一个指挥员指挥或由信号塔/地面控制台指挥： 双臂向上指，然后向外移动伸展双臂至身体一侧，并将指挥棒指向下一个指挥员的方向或下一个滑行区域	 
（9）引导结束： 用右手和/或指挥棒行标准军礼，以示意航空器出港。与机组人员保持目光接触，直至航空器已经开始滑行	
（10）起火： 起火：右手按照夸张的数字 8 形状移动，或从肩膀到膝盖方向做扇形运动，同时左手指挥棒指向起火区域	

续表

（11）设置刹车： 将手举起至略高于肩膀的高度，手掌打开。确保与机组人员保持目光接触，手握拳。保持该姿势，直至机组人员竖起大拇指表示确认	
（12）松刹车： 将手举起至略高于肩膀的高度，握拳。确保与机组人员进行目视接触，打开手掌。保持该姿势，直至机组人员竖起大拇指表示确认	 
（13）轮挡已放置： 双臂和指挥棒在头顶上方完全伸展开，将指挥棒向内运动，直至两个指挥棒相互接触	 

续表

（14）轮挡已移除： 双臂和指挥棒在头顶上完全伸展开，将指挥棒向外运动。获得机组人员授权之前，切勿移除轮挡	 
（15）起动发动机： 抬起右臂至头部高度，指挥棒向上指，做圆周运动，同时抬起左臂至头部高度以上位置，并指向航空器	
（16）关闭发动机： 左臂向上伸直，右臂伸展，指挥棒置于身体前方，与肩齐高。移动右手和指挥棒至左肩上部位置，然后在喉部平移将指挥棒拉回至右肩上部位置	

安全管理

（1）特别注意设备在航空器附近移动或接近航空器时的相关风险，确保相关人员按照航空运营人要求接受培训。

（2）确保地面支援设备与机身不发生任何接触，尤其是接近航空器舱门的地面支援设备，这通常被称为"禁止接触政策"（也有某些例外，例如廊桥）。

（3）地面支援设备就位后，所有地面支援设备和航空器之间应保持足够的间距，使机身能够在整个地面服务过程中垂直移动。

（4）与航空器客舱门相连接的地面设备（例如客梯、配餐车辆等），应具有足够宽度的平台，以便在设备就位和安全围栏安放的情况下打开或关闭航空器舱门。

知识整理

飞机地面勤务技术基础工单

工卡标题 Title	B737-500 飞机的航空器指挥动作
工具 Tool	指挥棒、反光背心
耗材 Material	线手套

工 作 程 序 Working Procedure	工作者 Perf.By
A. 工作准备 Job Set-Up 1. 清点工具，确认工具处于正常状态。 2. 清点耗材，核对耗材的件号和数量。 3. 检查航空器中操作区域，如发现异常状态，尽快向教员如实汇报。 4. 清理工作场地，清除场地中的多余物	
B. 工作步骤 Procedure 1. 勤务指挥。 （1）确定机位。 （2）直线滑行。 （3）减速。 （4）向右转（从驾驶舱机组成员角度看）。 （5）停止/紧急停止。 （6）设置刹车。 （7）轮挡已放置。 （8）关闭发动机。 2. 摆放前轮挡。 3. 取下前起落架安全销。 4. 安装前起落架安全销。 5. 结束工作。 （1）将工作区域恢复到正常状态。 （2）归还借出工具	
C. 结束工作 Close Out 1. 检查各个指定位置保险装置安装的状态，避免出现错装、漏装的现象。 2. 清点、检查工具的状态和数量，并将工具归还至指定位置。 3. 清点、检查剩余的耗材，并将其归还至指定位置。 4. 检查、清理工作场地，确保工作场地中没有遗留任何多余物。 5. 签署工卡	
完工签署 Signature	完工日期 Date

项目评估单

实作题目：航前勤务（B737-500 飞机的航空器指挥动作）

姓名：　　　　　　　　　　学号：

工作步骤	评分要素		
	APS（20分）	基本技能（50分）	维修作风（30分）

评估终止项：考生评估过程中出现以下任一情况时，经考评员核实后立即终止评估，评估结论为"不通过"。

1. 未实施"工具三清点"或出现丢失工具的情况。
2. 不按工卡步骤施工，跳步骤或施工步骤遗漏。
3. 缺乏"九字方针"意识，违规签署工卡。
4. 出现违反诚信要求，不按实测值、力矩值填写维修记录的情况。
5. 发生严重违反民航维修作风准则的。
6. 缺乏安全意识或出现可能造成航空器/设备损坏、人员受伤的行为

| 准备 1 | 准备工卡、设备/工具/器材：
1. 清点工具，确认工具处于正常状态。
2. 清点耗材，核对耗材的件号和数量。
3. 检查航空器中操作区域，如发现异常状态，尽快向教员如实汇报。
4. 清理工作场地，清除场地中的多余物 | （1）设备、工具器材未准备到位，2分。
（2）未确认工具、设备状态，2分。
（3）未落实工具三清点，3分。
（4）未查看量具有效期，5分 | | （1）未按要求穿着工作服或防护鞋，5分。
（2）施工中未按要求实施个人防护，5分。
（3）工具、设备等摆放零乱，3分。
（4）未按照要求检查航空器，2分。 |

续表

2	确定机位	指挥动作正确	（1）指挥动作不正确，5分
3	直线滑行	指挥动作正确	（2）指挥动作不正确，5分
4	减速	指挥动作正确	（3）指挥动作不正确，5分
5	向右转	方向正确	（4）方向不正确，3分
6	停止/紧急停止	指挥动作正确	（5）指挥动作不正确，5分
7	设置刹车	指挥动作正确	（6）指挥动作不正确，5分
8	轮挡已放置	指挥动作正确	（7）指挥动作不正确，5分
9	关闭发动机	指挥动作正确	（8）指挥动作不正确，5分
10	摆放前轮挡	摆放轮挡正确	（9）轮挡摆放不正确，5分
11	取下前起落架安全销	取出起落架安全销，确认起落架安全销孔状态良好，安全销衬套完整，数量齐全，检查安全销是否完好在位	（10）未正确取下起落架安全销，4分
12	安装前起落架安全销	取出、安装起落架安全销，安全销衬套在位、牢靠，锁销功能正常	（11）未正确安装起落架安全销，3分

（续上表说明）
（5）未清洁整理接机区域或施工区域残留外来物，2分。
（6）未将航空器恢复至初始状态，2分。
（7）维修记录填写不规范，2分。
（8）其他违反APS相关要求的情况，2分

（5）检查异常问题未举手报告，5分。
（6）未按要求填写实测值，3分。
（7）工具、设备出现掉落，3分。
（8）其他违反维修作风要求的情况，4分

续表

收尾	14	检查各个指定位置保险装置安装的状态,避免出现错装、漏装的现象		
	15	清点、检查工具的状态和数量,并将工具归还至指定位置		
	16	清点、检查剩余的耗材,并将其归还至指定位置		
	17	检查、清理工作场地,确保工作场地中没有遗留任何多余物		
	18	签署工卡		
标准工时		20 分钟	实际工时	分钟	(1)未在标准工时内完成,超时 5 分钟以内扣 3 分,超时 5 分钟以上扣 5 分,超时 10 分钟以上强制结束评估。 (2)考评员提出的其他扣分项: 扣分值: 原因:
学生分数			是否通过结论	是 □ 否 □	考评员签字 姓名: 日期: 年 月 日

项目拓展

模块 2　航空器停放与系留

任务一　飞机轮挡和警示锥
任务二　起落架安全销
任务三　皮托管套
任务四　内话耳机
任务五　系留

模块 2　航空器停放与系留

任务一

飞机轮挡和警示锥

✈ 知识目标

1. 学生能够阐述在航空器停放期间需要如何摆放轮挡和警示锥。
2. 学生能够说出摆放轮挡和警示锥时的要点。

✈ 技能目标

1. 学生能够规范摆放轮挡和警示锥。
2. 学生能够规范撤离轮挡和警示锥。

飞机轮挡和警示锥微课视频

✈ 素养目标

1. 学生要具备"精益求精、严谨专注、耐心坚持、专业敬业"的民航工匠精神。
2. 具备"严谨、专业、诚信"的维修作风。
3. 学生能够做到:"三个敬畏——敬畏生命、敬畏规章、敬畏职责""四个意识——规章意识、风险意识、举手意识、纪律意识""五个到位——准备到位、施工到位、测试到位、收尾到位、交接到位"。
4. 学生能够正确实施"工具三清点",任务实施过程中不出现工具丢失的情况。
5. 学生能按照工卡步骤施工,不出现工卡步骤遗漏的情况,具备"九字方针"意识(看一条、做一条、签一条),诚信记录,按要求签署工卡。
6. 具备安全意识,不做出可能造成航空器/设备损坏,使人员受伤的行为。

任务导入

飞机停稳后，挡轮挡、放警示锥，然后环绕飞机机身进行维护检查，这是机务人员需要例行完成的工作。在大风天气，可能出现由于轮挡未挡好，导致飞机在大风中滑动，最终致使飞机尾翼与地面发生擦碰的事故。

知识准备

航空器停放期间，应放置轮挡及警示锥。轮挡可防止航空器意外滑动，警示锥可提醒人员、设备与航空器保持安全距离。轮挡应采用金属或者其他等强度的非金属材料，航空器试车、防风和长期停放以及斜坡停放航空器使用的轮挡应该按照维修手册的技术要求执行。

橡胶轮挡如图 2-1 所示。

图 2-1　橡胶轮挡

金属轮挡如图 2-2 所示。

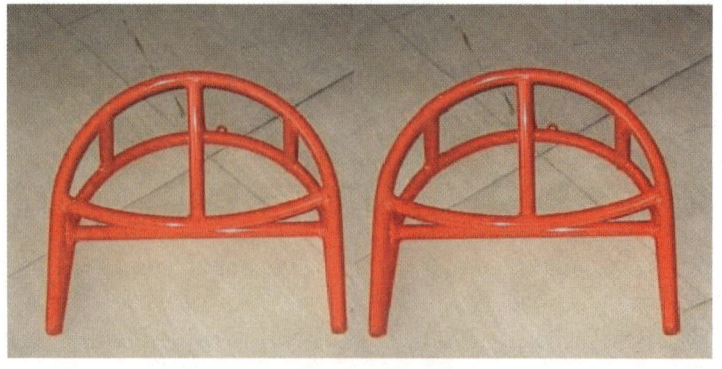

图 2-2　金属轮挡

警示锥如图 2-3 所示。

图 2-3 警示锥

工作规范如下：

1. 轮挡使用规范

（1）轮挡的数量和位置符合维修手册要求。

（2）确保轮挡完好可用。

（3）确保轮挡放置区无冰、雪、霜和油污等污染物。

（4）应在发动机关车或指挥人员发出信号后，挡轮挡。

（5）从机轮的侧面放置轮挡，且靠近轮胎。

（6）发动机运转时，如需挡、撤轮挡，应在指挥人员发出信号后，按照维修手册规定的安全通道进出。

（7）确保撤轮挡前航空器已刹车。

2. 警示锥使用规范

（1）确保警示锥完好可用。

（2）应在发动机关车或指挥人员发出信号后，按要求摆放警示锥。

（3）遵守警示锥使用的风速限制。

（4）撤警示锥前，确保地面设备已撤离航空器。

（5）警示锥摆放时机：所有轮挡挡好后，立即进行警示锥摆放；当收到机场发出的"机坪风力将超过限制风速或大风预警"信息或机场机坪风力超过风速限制要求时，应及时收起警示锥，防止被风吹移，风速小于限制值后重新摆放；如机场有特殊要求，需按机场的特殊要求执行。

（6）警示锥摆放顺序：先放置机头处警示锥，再放置大翼两侧和机尾处警示锥，最后放置发动机外侧前方处警示锥。所有警示锥摆放到位后，指挥员通知工作人员或勤务车可以靠近航空器进行工作，并在航空器周围执行监护工作。

警示锥摆放位置：机头前、机尾后、发动机外侧前方、两边大翼外侧或前后投影外侧位置，如图2-4所示。

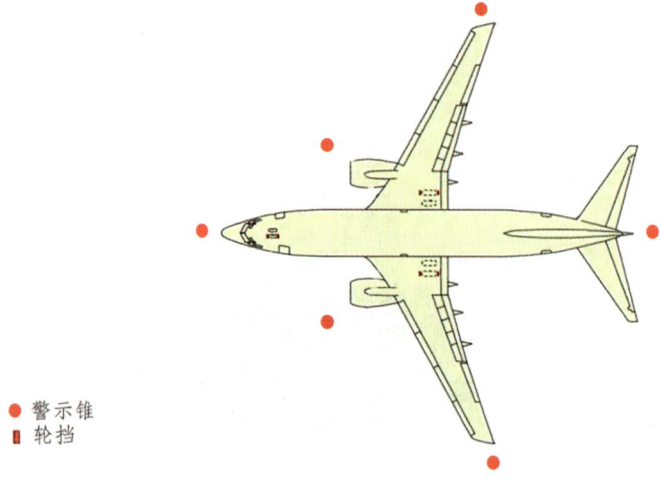

图2-4　737-800型飞机警示锥的摆放位置图

安全管理

（1）彻底清除轮挡警示锥放置区的霜、冰、雪和油污。

（2）确保轮挡和警示锥完整可用，数量齐全。金属轮挡的防滑齿没有缺失，结构钢管没有断裂、压塌、脱焊等现象；橡胶轮挡的防滑条没有脱落，没有出现橡胶破裂、掉块等情况。确保警示锥无破损，反光带良好。

知识整理

飞机地面勤务技术基础工单

工卡标题 Title	B737-500 轮挡、警示锥使用
工具 Tool	轮挡、警示锥
耗材 Material	毛巾（按需）、手套（按需）

工 作 程 序 Working Procedure	工作者 Perf.By
注意事项： 1. 飞机在重装载的情况下，机轮压力（机轮对地面的压力）会非常高，烫的柏油路面或湿草坪将无法提供足够的支撑力，因此不要将飞机停放在这样的地面上，也不能在类似地面上移动飞机。 2. 在安装前起落架地面安全销之前，必须确保前起落架处于放下和锁定的位置。如果前起落架没有处于放下锁定位置，前起落架会缩回，可能造成人员伤亡和设备损坏。 3. 在寒冷的天气中不能使用停留刹车，因为刹车可能会冻结，也不要在机轮刹车发烫时使用停留刹车	
A.工作准备 Job Set-Up 1. 检查、清点工具，确保工具处于可用状态，确保轮挡和警示锥完整可用，数量齐全。金属轮挡的防滑齿没有缺失，结构钢管没有出现断裂、压塌、脱焊等现象；橡胶轮挡的防滑条没有脱落，没有出现橡胶破裂、掉块等情况。 2. 检查、清点耗材。 3. 检查检查地面安全锁以及所需系统的限动措施是否处于正确状态，避免意外事故发生。 4. 检查、清理操作场地。 （1）清理场地中的多余物。 （2）彻底清除轮挡警示锥放置区的霜、冰、雪和油污	
B. 工作步骤 Procedure 1. 摆放轮挡。 （1）当飞机到达指定位置后，监护员向指挥员发出停止信号，指挥员立即向机组发出停止滑行信号，指挥机组设置停留刹车并关停发动机，指挥员在所有发动机关停后给出挡轮挡信号，操作人员根据信号摆放轮挡。 备注 1：正常情况下飞机航后和过站，前起落架同一机轮前后必须放置轮挡，每个主起落架的外侧机轮前、后各放置一个轮挡，每架飞机共放置 6 个轮挡。 备注2：轮挡放置要求： ① 轮挡应靠近轮胎放置，间距不应超过 51 mm（2 英寸），如停留在带有坡度的机坪上时，下坡度方向的轮挡应紧贴轮胎放置，上坡方向轮挡与轮胎间距不应超过 51 mm（2 英寸）	

续表

工 作 程 序 Working Procedure	工作者 Perf.By
② 当外界风速大于 65 km/h（35 节）时，所有机轮应放置轮挡，轮挡应靠近轮胎放置，间距不应超过 51 mm（2 英寸），如停留在带有坡度的机坪上时，下坡度方向的轮挡应紧贴轮胎放置，上坡方向轮挡与轮胎间距不应超过 51 mm（2 英寸）。 ③ 发动机试车时前轮挡与轮胎距离为 152～305 mm（6～12 英寸），后轮挡应贴近轮胎但轮挡不能接触轮胎。 备注 3：如需在发动机运转情况下放置轮挡，应在指挥员发出信号后，发动机处于慢车状态时，从安全通道进出。 备注 4：先挡前轮轮挡，后挡主轮轮挡。 （2）在所有轮挡挡好后，由指挥员指令并通知机组松刹车	
2. 放置警示锥。 检查确认所有的轮挡放置正确，摆放警示锥。 备注 5：在机头、机尾、发动机前部外侧、两侧大翼翼尖放置警示锥，机头、机尾、翼尖的警示锥应在飞机投影外侧，发动机的警示锥应在发动机的外侧前方。如营运人或机场有特殊要求，需按要求执行。 注意 1：风速大于当地机场风速要求时不需要摆放警示锥，已经摆放的警示锥需要撤走，风速小于要求风速值后重新摆放	
3. 撤离警示锥。 飞机防撞灯亮后确认各勤务车已撤离航空器，指挥员给出信号后撤离警示锥，操作人员根据信号撤离警示锥	
4. 撤除轮挡。 机组设置刹车后撤掉轮挡。 注意 2：撤轮挡时注意防止轮挡与机轮、轮毂碰撞造成损伤。 备注 6：对于使用有牵引杆进行牵引的飞机，先撤除左右主轮轮挡，待连接好牵引杆/牵引车后再撤除前轮轮挡。 备注 7：对于使用无牵引杆进行牵引的飞机，先撤除前轮和一侧起落架主轮轮挡，待连接牵引车后再撤除另一侧主轮轮挡。 备注 8：需要在发动机运转状态下取轮挡时，应在指挥员发出信号后，发动机处于慢车状态时，按手册规定的安全通道进出	
C. 结束工作 Close Out （1）确认起落架安全销取下，并清点数量，放置在规定位置。 （2）检查、清点轮挡和警示锥等，并归还到指定位置。 （3）清理工作场地，并将工作区域恢复到正常状态	
完工签署 Signature	完工日期 Date

实作题目：航前勤务（B737-500 轮挡、警示锥使用）

姓名：　　　　　　　　学号：

工作步骤	评分要素		
	APS（20分）	基本技能（50分）	维修作风（30分）

评估终止项：考生评估过程中出现以下任一情况时，经考评员核实后立即终止评估，评估结论为"不通过"。
1. 未实施"工具三清点"或出现丢失工具的情况。
2. 不按工卡步骤施工，跳步骤或施工步骤遗漏。
3. 缺乏"九字方针"意识，违规签署工卡。
4. 出现违反诚信要求，不按实测值、力矩值填写维修记录的情况。
5. 发生严重违反民航维修作风准则的。
6. 缺乏安全意识或出现可能造成航空器/设备损坏，人员受伤的行为

	工作步骤	APS	基本技能	维修作风
准备	1	准备工卡、设备/工具/器材： 1. 清点工具，确认工具处于正常状态； 2. 清点耗材，核对耗材的件号和数量。 3. 检查航空器中操作区域，如发现异常状态，尽快向教员如实汇报。 4. 清理工作场地，清除场地中的多余杂物	（1）设备、工具器材未准备到位，2分。 （2）未确认工具、设备状态，2分。 （3）未按要求落实工具三清点，3分。 （4）未查看量具有效期，5分。 （5）未清洁整理接触机区域或施工区域残留外来物，3分	（1）未按要求着装工作服或防护鞋，5分。 （2）施工中未按要求实施个人防护，5分。 （3）工具、设备等摆放零乱，3分。 （4）未按照要求检查航空器，2分。 （5）检查异常问题未举手报告，5分

续表

序号	项目		扣分项
2	摆放轮挡	摆放轮挡正确	(1)摆放轮挡不正确,15分
3	放置警示锥	放置警示锥正确	(2)放置警示锥不正确,15分
4	撤离警示锥	撤离警示锥正确	(3)撤离警示锥不正确,10分
5	撤除轮挡	撤除轮挡正确	(4)撤除轮挡不正确,10分
6	收尾	检查各个指定位置保险装置安装的状态,避免出现错装、漏装的现象	(6)未按要求填写实测值,3分。 (7)工具、设备出现掉落,3分。 (8)其他违反维修作风要求的情况,4分
7		清点、检查工具的状态和数量,并将工具归还至指定位置	
8		清点、检查剩余的耗材,并将其归还至指定位置	
9		检查、清理工作场地,确保工作场地中没有遗留任何多余物	
10		签署工卡	(6)未将航空器恢复至初始状态,2分。 (7)维修记录填写不规范,2分。 (8)其他违反APS相关要求的情况,2分
标准工时	20分钟	实际工时	___ 分钟	(1)未在标准工时内完成,超时5分钟以内扣3分,超时5分钟以上扣5分,超时10分钟以上强制结束评估。 (2)考评员提出的其他扣分项。 扣分值: 原因:
学生分数		是否通过结论	是 □ 否 □	考评员签字 姓名: 日期: 年 月 日

项目拓展

模块 2　航空器停放与系留

任务二

起落架安全销

教学目标

✈ **知识目标**

1. 学生了解起落架安全销的使用方法。
2. 学生明白起落架安全销的作用。

起落架安全销微课视频

✈ **技能目标**

1. 学生能够规范使用起落架安全销。
2. 学生能够拆除起落架安全销。

✈ **素养目标**

1. 学生要具备"精益求精、严谨专注、耐心坚持、专业敬业"的民航工匠精神。
2. 具备"严谨、专业、诚信"的维修作风。
3. 学生能够做到:"三个敬畏——敬畏生命、敬畏规章、敬畏职责""四个意识——规章意识、风险意识、举手意识、纪律意识""五个到位——准备到位、施工到位、测试到位、收尾到位、交接到位"。
4. 学生能够正确实施"工具三清点",任务实施过程中不出现工具丢失的情况。
5. 学生能按照工卡步骤施工,不出现工卡步骤遗漏的情况,具备"九字方针"意识(看一条、做一条、签一条),诚信记录,按要求签署工卡。
6. 具备安全意识,不做出可能造成航空器/设备损坏,使人员受伤的行为。

任务导入

某航空公司一家客机起飞后发现起落架无法收起,在空中盘旋近一小时后返航。事件原因系飞机起落架安全销没有按照安全规章要求在起飞前取下。

知识准备

航空器在地面停放、牵引以及执行维修任务时,需要安装起落架安全销。起落架安全销在地面时可防止航空器起落架意外收起、在空中时可保持起落架放下、锁定。航后及停场时间较长的飞机或做某些测试时手册要求插安全销。737-500 型飞机起落架安全销的使用简图如图 2-5 所示,A320 型飞机主起落架安全销的使用简图如图 2-6 所示。

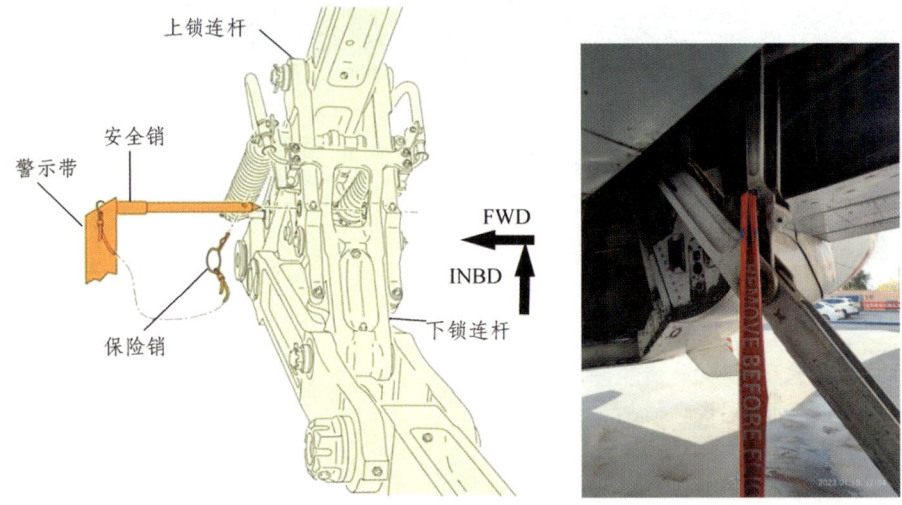

图 2-5　737-500 型飞机起落架安全销的使用简图

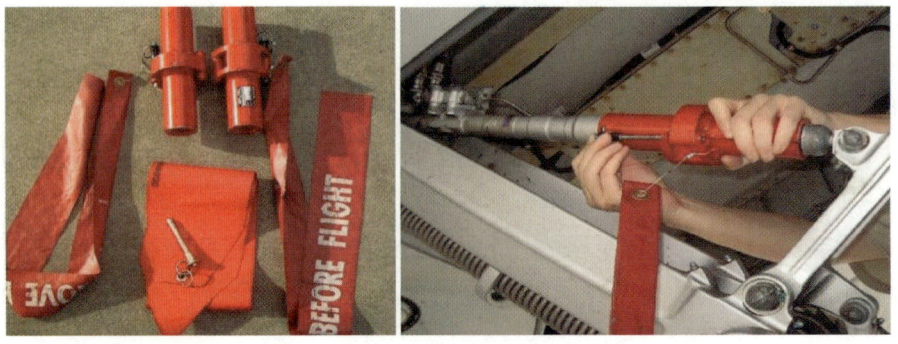

图 2-6　A320 型飞机主起落架安全销的使用简图

安全管理

(1) 确保起落架安全销完好可用。

(2)安全销插好后,确保红色警告飘带展开。
(3)安全销取下后,确保安全销及插孔完好。
(4)安全销取下后,确保数量齐全,并放在指定位置。

知识整理

项目工单

飞机地面勤务技术基础工单

工卡标题 Title	B737-500 飞机起落架安全销使用
工具 Tool	反光背心
耗材 Material	手套、抹布、手电（按需）

工 作 程 序 Working Procedure	工作者 Perf.By
A. 工作准备 Job Set-Up 1. 清点工具，确认工具处于正常状态。 2. 清点耗材，核对耗材的件号和数量。 3. 检查航空器中操作区域，如发现异常状态，尽快向教员如实汇报。 4. 清理工作场地，清除场地中的多余物	
B. 工作步骤 Procedure 1. 安装起落架安全销。 （1）取出、安装起落架安全销，确保安全销衬套在位、牢靠，锁销功能正常。 （2）安装警告飘带、警告标识等，确保警告标志和警告飘带完好在位、清晰可见	
2. 取下起落架安全销。 取下起落架安全销，确认起落架安全销插孔状态良好，安全销机构完整，数量齐全，检查安全销衬套是否完好在位	
C. 结束工作 Close Out 1. 检查各个指定位置保险装置安装的状态，避免出现错装、漏装的现象。 2. 清点、检查工具的状态和数量，并将工具归还至指定位置。 3. 清点、检查剩余的耗材，并将其归还至指定位置。 4. 检查、清理工作场地，确保工作场地中没有遗留任何多余物。 5. 签署工卡	
完工签署 Signature	完工日期 Date	

项目评估单

实作题目：航前勤务（B737-500 飞机的起落架安全销使用）

姓名：　　　　　　　学号：

		评分要素		
		APS（20分）	基本技能（50分）	维修作风（30分）

评估终止项：考生评估过程中出现以下任一情况时，经考评员核实后立即终止评估，评估结论为"不通过"。

1. 未实施"工具三清点"或出现丢失工具的情况。
2. 不按工卡步骤施工，跳步骤或施工步骤遗漏。
3. 缺乏"九字方针"意识，违规签署工卡。
4. 出现违反诚信要求，不按实测值，力矩值填写维修记录的情况。
5. 发生严重违反民航维修作风准则的情况。
6. 缺乏安全意识或出现可能造成航空器/设备损坏，人员受伤的行为。

	工作步骤	APS（20分）	基本技能（50分）	维修作风（30分）
准备	准备工卡，设备/工具/器材： 1. 清点工具，确认工具处于正常状态。 2. 清点耗材，核对耗材的件号和数量。 3. 检查航空器中操作区域，如发现异常状态，尽快向教员如实汇报。 4. 清理工作场地，清除场地中的多余物	（1）设备、工具器材未准备到位，2分。 （2）未确认工具、设备状态，2分。 （3）未按要求落实工具三清点，3分。 （4）未查看量具有效期，5分。 （5）未清洁整理接机区域或施工区域残留外来物，2分	（1）未按要求穿着工作服或防护鞋，5分。 （2）施工中未按要求实施个人防护，5分。 （3）工具、设备等摆放零乱，3分。 （4）未按照要求检查航空器，2分。 （5）检查异常问题未举手报告，5分

续表

步骤	序号	工作内容	标准工时	评分标准
取下前起落架安全销	2	取下起落架安全销，确认起落架安全销插孔状态良好，安全销机构完整，数量齐全，检查安全销套是否完好在位		（1）未正确取下起落架安全销，10分。 （2）未确认起落架安全销插孔状态良好，安全销机构完整、数量齐全，10分。 （3）检查安全销套是否完好在位，5分。 （6）未按要求填写实测值，3分。 （7）工具、设备出现掉落，3分。 （8）其他违反维修作风要求的情况，4分
安装前起落架安全销	3	安装起落架安全销，确保安全销衬套在位、牢靠，锁销功能正常		（4）未正确安装起落架安全销，15分。 （5）未确定安全销衬套在位、牢靠，锁销功能正常，10分
收尾	4	检查各个指定位置保险装置安装的状态，避免出现错装、漏装的现象		（6）未将航空器恢复至初始状态，2分。 （7）维修记录填写不规范，2分。 （8）其他违反APS相关要求的情况，2分
	5	清点、检查工具归还至指定位置		
	6	清点、检查剩余的耗材，并将其归还至指定位置		
	7	检查、清理工作场地，确保工作场地中没有遗留任何多余物		
	8	签署工卡		
标准工时			20分钟	（1）未在标准工时内完成，超时5分钟以内扣3分，超时5分钟以上扣5分，超时10分钟以上强制结束评估。 （2）考评员提出的其他扣分项。
		实际工时	分钟	扣分值：
		是否通过结论	是 □ 否 □	原因：
学生分数				考评员签字 姓名： 日期： 年 月 日

项目拓展

任务三 皮托管套

皮托管套微课视频

教学目标

知识目标

1. 学生了解皮托管套的作用。
2. 学生知道不同机型飞机皮托管的位置。

技能目标

1. 学生能够正确安装和取下皮托管套。
2. 学生能够检查皮托管套是否正常。

素养目标

1. 学生要具备"精益求精、严谨专注、耐心坚持、专业敬业"的民航工匠精神。
2. 具备"严谨、专业、诚信"的维修作风。
3. 学生能够做到:"三个敬畏——敬畏生命、敬畏规章、敬畏职责""四个意识——规章意识、风险意识、举手意识、纪律意识""五个到位——准备到位、施工到位、测试到位、收尾到位、交接到位"。
4. 学生能够正确实施"工具三清点",任务实施过程中不出现工具丢失的情况。
5. 学生能按照工卡步骤施工,不出现工卡步骤遗漏的情况,具备"九字方针"意识(看一条、做一条、签一条),诚信记录,按要求签署工卡。
6. 具备安全意识,不做出可能造成航空器/设备损坏,使人员受伤的行为。

> **任务导入**
>
> 2018 年 7 月 18 日，一架马来西亚航空 A330 客机从布里斯班机场飞往吉隆坡，航班起飞后，机组人员发现没有空速信息。这架搭载 215 名乘客的 A330 客机最终紧急返航布里斯班机场。调查发现，这架 A330 客机被飞机牵引车推出时三个空速传感器皮托管套并未取下。然而，地面保障人员、当值机务、机长绕机巡检均未发现这三个皮托管罩没有摘下。因此，从航班起飞爬升阶段开始，飞机的主要仪表显示屏显示红色速度标志，而不是空速指示，机组没有及时做出响应，错过了安全中止起飞的时机。

知识准备

皮托管是一种测量大气压力的传感器，如图 2-7 所示。当皮托管受到外界环境污染时，会引起大气数据错误，影响飞行安全。因此，航空器在长时间停放时，需要安装皮托管套，起飞前，必须将皮托管套取下。

图 2-7　皮托管套

安全管理

（1）检查皮托管套，确保无破损、内部无异物，防止皮托管产生划痕，红色警示飘带完好、标识清晰。

（2）安装皮托管套前，确保皮托管加温电门已关闭，且已冷却。

（3）安装前详细检查皮托管状况正常，无损伤、烧蚀、腐蚀；全压孔、静压孔无堵塞等异常状况。

（4）各个机型空速管位置高度不同，安装和取下管套时，应选择与空速管高度相适应的工作梯，并遵守工作梯的使用规范，禁止从驾驶舱窗户探出身子安装，禁止踩踏轮挡等非专用工作台安装皮托管套。

（5）取下皮托管套后，确保数量齐全，并放在指定位置。

知识整理

项目工单

飞机地面勤务技术基础工单

工卡标题 Title	B737-500 飞机的安装和取下皮托管套	
工具 Tool	发动机排气管罩， 发动机进气道罩， 皮托管套， 总温探头套， APU 堵盖， 工作梯	PART#：KPC3-775-625
耗材 Material	手套、抹布、手电（按需）	

工 作 程 序 Working Procedure	工作者 Perf.By
A. 工作准备 Job Set-Up 1. 清点工具，确认工具处于正常状态。 2. 清点耗材，核对耗材的件号和数量。 3. 检查航空器中操作区域，如发现异常状态，尽快向教员如实汇报。 4. 清理工作场地，清除场地中的多余物	
B. 工作步骤 Procedure 1. 安装皮托管套 （1）从相应位置取出皮托管套。 （2）检查皮托管套，确保无破损、内部无异物，管套与皮托管接触面平滑，红色警示飘带完好、标识清晰。 （3）确认皮托管加温电门关闭（AUTO 位或 OFF 位），确认皮托管已冷却。 （4）安装皮托管套。使用工作梯靠近机头前侧安装皮托管套，禁止从驾驶舱窗户探出身子安装，禁止踩踏轮挡等非专用工作台安装 2. 取下皮托管套 航前工作时，取下皮托管套，清点数量，放在指定位置。 备注：飞机放行前请再次确认	
C. 结束工作 Close Out 1. 检查各个指定位置保险装置安装的状态，避免出现错装、漏装的现象。 2. 清点、检查工具的状态和数量，并将工具归还至指定位置。 3. 清点、检查剩余的耗材，并将其归还至指定位置。 4. 检查、清理工作场地，确保工作场地中没有遗留任何多余物。 5. 签署工卡	
完工签署 Signature	完工日期 Date

项目评估单

实作题目：B737-500 飞机的安装和取下皮托管套

姓名：　　　　　　　　　　学号：

评分要素		
APS（20分）	基本技能（50分）	维修作风（30分）

评估终止项：考生评估过程中出现以下任一情况时，经考评员核实后立即终止评估，评估结论为"不通过"。

1. 未实施"工具三清"或出现丢失工具的情况。
2. 不按工卡步骤施工、跳步骤施工步骤遗漏。
3. 缺乏"九字方针"意识，违规签署工卡。
4. 出现违反诚信要求，不按实测值、力矩值填写维修记录的情况。
5. 发生严重违反民航维修作风准则的。
6. 缺乏安全意识或出现可能造成航空器/设备损坏、人员受伤的行为。

	工作步骤		
准备 1	准备工卡、设备、工具/器材： 1. 清点工具，确认工具处于正常状态。 2. 清点耗材，核对耗材的件号和数量。 3. 检查航空器中操作区域，如发现异常状态，尽快向教员如实汇报。 4. 清理工作场地，清除场地中多余物	（1）设备、工具器材未准备到位，2分。 （2）未确认工具、设备状态，2分。 （3）未按要求落实工具三清点，3分。 （4）未查看量具有效期，5分。 （5）未清洁整理接机区域或施工区域残留物，2分。 （6）未将航空器恢复至初始状态，2分。	（1）未按要求穿着工作服或防护鞋，5分。 （2）施工中未按要求实施个人防护，5分。 （3）工具、设备等摆放零乱，3分。 （4）未按照要求检查航空器，2分。 （5）检查异常问题未举手报告，5分。

续表

	序号	操作步骤	操作内容	评分标准
安装皮托管套	2		从相应位置取出皮托管套,检查皮托管套,确保无破损、内部无异物,管套与皮托管接触面平滑,红色警示飘带完好、标识清晰	(1) 未正确取出皮托管套,10分 (2) 未认真检查皮托管套,10分
	3		确认皮托管加温电门关闭(AUTO位或OFF位),确认皮托管已冷却	(3) 未确认皮托管加温电门关闭(AUTO位或OFF位),未确认皮托管已冷却,10分
	4		使用工作梯靠近机头前侧安装皮托管套,禁止从驾驶舱窗户探出身子安装,禁止踩踏轮挡等非专用工作台安装皮托管套	(4) 未正确安装皮托管套,20分
取下皮托管套	3		在飞机起飞前取下皮托管套,清点数量,放在指定位置	(5) 未在飞机起飞前取下皮托管套,未清点数量,未放在指定位置
	4		检查各个指定位置保险装置安装的状态,避免出现错装、漏装的现象	(6) 未按要求填写实测值,3分 (7) 工具、设备出现掉落,3分 (8) 其他违反维修作风要求的情况,4分
	5		清点、检查工具的状态和数量,并将工具归还至指定位置	
收尾	6		清点、检查剩余耗材,并将其归还至指定位置	
	7		检查、清理工作场地,确保工作场地中没有遗留任何多余物	(7) 维修记录填写不规范,2分 (8) 其他违反APS相关要求的情况,2分
	8		签署工卡	

续表

标准工时	实际工时	分钟	(1)未在标准工时内完成,超时5分钟以内扣3分,超时5分钟以上扣5分,超时10分钟以上强制结束评估。 (2)考评员提出的其他扣分项。 扣分值： 原因：
20分钟			
学生分数	是否通过结论	是 □ 否 □	考评员签字： 姓名： 日期： 年 月 日

项目拓展

任务四 内话耳机

教学目标

知识目标

1. 学生掌握与机组联络时的常用表达。
2. 学生能够说出内话耳机的使用要点。

技能目标

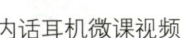

内话耳机微课视频

1. 学生能够正确使用内话耳机与机组联络通话。
2. 学生能够正确联络机组。

素养目标

1. 学生要具备"精益求精、严谨专注、耐心坚持、专业敬业"的民航工匠精神。
2. 具备"严谨、专业、诚信"的维修作风。
3. 学生能够做到:"三个敬畏——敬生命、敬畏规章、敬畏职责""四个意识——规章意识、风险意识、举手意识、纪律意识""五个到位——准备到位、施工到位、测试到位、收尾到位、交接到位"。
4. 学生能够正确实施"工具三清点",任务实施过程中不出现工具丢失的情况。
5. 学生能按照工卡步骤施工,不出现工卡步骤遗漏的情况,具备"九字方针"意识(看一条、做一条、签一条),诚信记录,按要求签署工卡。
6. 具备安全意识,不做出可能造成航空器/设备损坏,使人员受伤的行为。

任务导入

无线电通话注意事项：
1. 发话以前先想好说话内容。
2. 应避免干扰他人通话。
3. 应稳定按住发话键再开始说话。
4. 语速应保持适中。
5. 发音清晰，语意明了，通话音量稳定。
6. 数字前应稍作停顿，以稍慢的语速重读数字。
7. 应避免使用"啊""哦"等犹豫不决的词。
8. 保证通话内容的完整性。

知识准备

在牵引飞机、进出港接送机以及地面维护工作中，通常要使用内话耳机在驾驶舱和地面人员之间建立通信联系，如图2-8所示。内话耳机可用于飞行内话系统和勤务内话系统。飞行内话是驾驶舱和地面人员主要的通话方式，勤务内话主要用于在地面维护工作中与各维修点的联络。

图 2-8 耳机通话

知识补充

1. 无线电通话基本知识

（1）发音（中、英文发音）。

① 数字的发音。

数字的发音如表 2-1 所示。

表 2-1 数字的发音

数字	汉语读法	英语读法
0	洞	ZE-RO*
1	幺	WUN
2	两	TOO
3	三	TREE
4	四	FOW-er
5	五	FIFE
6	六	SIX
7	拐	SEV-en
8	八	AIT
9	九	NIN-er
.	点	DAY-SEE-MAL 或 POINT
100	百	HUN-dred
1000	千	TOU-SAND

*：英文大写部分应重读，下同。

十位数及十位数以上的数字组合的读法一般为按数字的汉语发音顺序逐位读出（不读出千、百、十）；整百、整千、整千百组合的数字通常读出数字，后面加上百或千或千百。示例如表 2-2 所示。

表 2-2 数字组合的发音

数字	汉语读法	英语读法
10	幺洞	WUN ZE-RO
75	拐五	SEV-en FIFE
200	两百	TOO HUN-dred
450	四五洞	FOW-er FIFE ZE-RO
3600	三千六	TREE TOU-SAND SIX HUN-dred
2121	两幺两幺	TOO WUN TOO WUN
9000	九千	NIN-er TOU-SAND
33122	三三幺两两	TREE TREE WUN TOO TOO

② 标准字母的发音。

标准字母的发音如表 2-3 所示。

表 2-3　标准字母的发音

字母	单词	发音
A	Alpha	AL*FAH
B	Bravo	BRAH VOH
C	Charlie	CHAR LEE
D	Delta	DELL TAH
E	Echo	ECK OH
F	Foxtrot	FOKS TROT
G	Golf	GOLF
H	Hotel	HOH TELL
I	India	IN DEE AH
J	Juliett	JEW LEE ETT
K	Kilo	KEY LOH
L	Lima	LEE MAH
M	Mike	MIKE
N	November	NO VEM BER
O	Oscar	OSS CAH
P	Papa	PAH PAH
Q	Quebec	KEH BECK
R	Romeo	ROW ME OH
S	Sierra	SEE AIR RAH
T	Tango	TANG GO
U	Uniform	YOU NEE FORM
V	Victor	VIK TAH
W	Whiskey	WISS KEY
X	X-ray	ECKS RAY
Y	Yankee	YANG KEY
Z	Zulu	ZOO LOO

＊：标有下划线的部分应重读

③ 跑道的读法。

跑道编号应按照数字的汉语或英语发音逐位读出。跑道编号中的英文字母 R、L、C 分别表示 RIGHT、LEFT、CENTER。汉语分别按照右、左、中读出，英语则分别按照"RIGHT""LEFT""CENTER"读出。示例如表 2-4 所示。

表 2-4　跑道的读法

跑道编号	汉语读法	英语读法
03	跑道洞三	RUNWAY ZE-RO TREE
08L	跑道洞八左	RUNWAY ZE-RO AIT LEFT

④ 航空器的呼号。

航空器的呼号有以下三种形式：

a. 航空器的注册号：注册号字母和数字应按照字母和数字的标准发音逐位读出。航空器制造厂商或航空器机型名称通常作为注册号字母的前缀。航空器制造厂商或航空器机型名称应按照英语发音习惯或翻译的汉语读出：

示例 1：G-ABCD。

GOLF ALPHA BRAVO CHARLIE DELTA（英汉读法相同）。

示例 2：Cessna G-ABCD。

塞斯纳 GOLF ALPHA BRAVO CHARLIE DELTA（汉语读法）；

Cessna GOLF ALPHA BRAVO CHARLIE DELTA（英语读法）。

b. 航空器营运人的无线电呼号加航空器注册号的最后四位字母：航空器营运人呼号英语发音应按照国际民航组织指定的无线电呼号读出，注册号的字母全部按照字母英语标准发音逐位读出。航空器营运人的无线电呼号汉语发音应按照中国民航规定的呼号读出，航空器注册号应按照字母英语标准发音逐位读出。示例如表 2-5 所示。

表 2-5　航空器的呼号

航空器的呼号	汉语读法	英语读法
CCA BHWC	国航 BRAVO HOTEL WHISKEY CHARLIE	AIR CHINA BRAVO HOTEL WHISKEY CHARLIE

⑤ 航空器营运人的无线电呼号加航班号：航空器营运人呼号的英语发音应按照国际民航组织指定的无线电呼号读出。中国的航空公司呼号汉语发音应按照中国民航规定的呼号读出。航班号的字母全部按照字母英语标准发音逐位读出，数字应按照数字的汉语、英语标准发音逐位读出。示例如表 2-6 所示。

表 2-6　航空器的呼号

航空器的呼号	汉语读法	英语读法
CCA 998A	国航九九八 ALPHA	AIR CHINA NIN-er AIT ALPHA

（2）无线电通话结构。

① 首次联系时应采用的通话结构为："对方呼号"加"己方呼号"加"通话内容"。

② 首次通话以后的各次通话，空中交通管制员采用的通话结构为："对方呼号"加"通话内容"。

③ 机组人员采用的通话结构为："对方呼号"加 "己方呼号"加"通话内容"。

④ 空中交通管制员肯定航空器驾驶员复诵的内容时可仅呼对方呼号。当空中交通管制员认为有必要时,可具体肯定。

(3) 通话基本要求。

① 先想后说,应在发话之前想好说话内容。

② 先听后说,应避免干扰他人通话。

③ 应熟练掌握送话器使用技巧。

④ 语速应保持适中,在发送需要记录的信息时降低速率。

⑤ 通话时每个单词发音应清楚、明白,并保持通话音量平稳。

⑥ 在数字前应稍作停顿,重读数字应以较慢的语速发出,以便于理解。

应避免使用"啊""哦"等犹豫不决的词。

2. 维修人员与机组联络通话

遵循"先想后说,先听后说"的原则,使用简洁、专业的语言进行有效沟通。实际工作内容如下:

(1) 航空器进港后的联络。

维修人员向机组报告:

① 地面:"轮挡已挡好,地面电源接好(视情),请松刹车。"

"Chocks inserted, round power unit on, elease brakes, lease."

② 机组:"收到,刹车松,关断 APU(或机上电源)(视情)。谢谢!"

"OK. Parking brake released, APU (or onboard power) off. Thanks!"

(2) 航空器出港的联络。

① 推(拖)飞机时的联络:

a. 确保登机桥收回,地面设备撤除,舱门、盖板均已关好。

地面:"离港前检查已完成,地面已就绪,请松刹车。"

"Pre-departure checks completed, ground ready, release brakes, please."

机组:"刹车松,可以推(拖),请推(拖)到××位置。"

"Brakes released, pushback (tow off), pushback (tow off) aircraft to ×× position, please."

地面:"收到,刹车松,推(拖)到××位置。"

"OK. Brakes released, pushback (tow off) to ×× position."

地面:"推(拖)到位。请刹车。"

"Pushback (tow off) in position. Engage, please."

机组:"已刹车。"

"Brakes engaged."

b. 航空器出港起动发动机的联络。

在维修人员发出信号前,机组不应松刹车。

② 用辅助动力装置起动发动机的联络。

a. 机组:"起动(冷转)×号发动机。"

"Start (dry run) NO.×."

b. 地面确保发动机危险区内无障碍物后,地面:"×号发动机可以起动(冷转)"或"稍等"。
"Start (dry run) No.×" or "Stand by".

c. 当所有发动机运转稳定,完成起动后检查,机组:"起动完毕,见手势滑出,再见。"
"Starting completed, wait for hand signals, ready to taxi out."

d. 地面:"从左(右)侧给手势,可以滑出,再见"
"Hand signals from left (right), taxi out. Good-bye."在维修人员发出信号前,机组不应松刹车。

③ 用气源车或电源车起动发动机的联络。

a. 机组:"准备起动1号发动机"。
"Ready to start No.1."

b. 地面:"气源(电源)打开,1号发动机可以起动"或"稍等"。
"Air (power) supply on. Start No. 1." or "Stand by".

c. 完成起动后检查,机组:"移去气源车(电源车)"。
"Clear air (power) supply unit".

d. 完成指令后,地面:"气源车(电源车)已移去"。
"Air (power) supply unit cleared".

e. 当所有发动机运转稳定,完成起动后检查,机组:"起动完毕,见手势滑出,再见。"
"Starting completed, wait for hand signals, ready to taxi out."

f. 地面:"从左(右)侧给手势,可以滑出,再见"。
"Hand signals from left (right), taxi out. Good-bye."在维修人员发出信号前,机组不应松刹车。

知识整理

项目工单

飞机地面勤务技术基础工单

工卡标题 Title	B737-500 的内话耳机使用、与机组联络通话测试
工具 Tool	飞行内话耳机
耗材 Material	N/A

工 作 程 序 Working Procedure	工作者 Perf.By
A. 工作准备 Job Set-Up 1. 清点工具，确认工具处于正常状态。 2. 清点耗材，核对耗材的件号和数量。 3. 检查航空器中操作区域，如发现异常状态，尽快向教员如实汇报。 4. 清理工作场地，清除场地中的多余物。 5. 给飞机供电。 6. 确保飞行员头顶面板上的勤务开关处于关闭位置 B. 工作步骤 Procedure 1. 设置系统到以下条件： （1）在音频选择面板（ASP）上将所有监听开关设置为 OFF 位置。 （2）做以下步骤： ① 将 FLT INT 麦克风选择开关推至 ON 位置。确保 FLT INT 灯亮。 ② 在所有三个 ASPs 上，将 FLT INT 音量控制调到约最大值的 1/2 到 3/4	
2. 执行以下步骤在去 F/O 的 ASP 进行音量控制测试。 （1）将 F/O 的 ASP 上的 SPKR 音量控制推到 on 位置。 （2）将 SPKR 音量控制调到约最大值的 1/2 到 3/4。 （3）通话人员手持 F/O 话筒，距离 F/O 的手话筒大约 12 英寸的位置（30 厘米）。 （4）按住麦克风 PTT 按钮。 ① 确保扬声器里没有多余的声音。 ② 确保扬声器音量降低。 （5）将 F/O 的 ASP 上的 SPKR 音量控制调到中间位置。 （6）拔出跳开关，贴上"请勿关闭"标签。 ① P6 负载控制中心-右边。 （7）C86, F/O 音频。 ① 确保机长的扬声器音量不降低。 ② 确保没有发射器发射。 ③ 确保 F/O 的 ASP 上的 VHF-2 麦克风灯亮起。 （8）闭合跳开关，取下请勿闭合标签。 ① P6 负载控制中心-右边。 （9）C86, F/O 音频	

续表

工 作 程 序 Working Procedure	工作者 Perf.By
3. 操作以下步骤测试机长的 ASP。 （1）将机长的 ASP 上的 SPKR 音量控制键推到 on 位置。 （2）在机长的 ASP 上，将 SPKR 音量控制调到约最大值的 1/2 到 3/4。 （3）握住机长的手话筒，距离麦克风大约 12 英寸（30 cm）。 （4）按住麦克风 PTT 按钮。 ① 确保扬声器里没有多余的声音。 ② 确保扬声器音量降低。 （5）将机长的 ASP 上的 SPKR 音量控制调到中间位置。 （6）拔出跳开关，贴上"请勿关闭"标签。 ① P6 负载控制中心-右边。 （7）C83, CAPT 音频。 ① 确保副驾驶说话音量水平不降低。 ② 确保没有发射器发射。 ③ 确保机长 ASP 上的 VHF-1 麦克风灯亮起。 （8）闭合跳开关，取下请勿闭标签。 ① P6 负载控制中心-右边。 ② C83, CAPT 音频	
4. 使用手提麦克风上的 PTT 电门在每个飞机机组位置之间进行通信测试。 （1）按住机长手持式麦克风上的 PTT 电门。 （2）对着机长的手持式麦克风讲话。 ① 确保能清楚听到副驾驶和观察员耳机传出的声音。 ② 确保驾驶舱扬声器的声音水平降低。 （3）松开 PTT 电门。 （4）按住副驾驶手持式麦克风上的 PTT 电门。 （5）对着副驾驶的手持麦克风讲话。 ① 确保能清楚地听到机长和观察员耳机传出的声音。 ② 确保飞行驾驶舱扬声器的声音水平降低。 （6）松开 PTT 电门。 （7）按住副驾驶手持式麦克风上的 PTT 电门。 （8）对着副驾驶的手持麦克风讲话。 ① 确保能清楚地听到机长和观察员耳机传出的声音。 ② 确保飞行驾驶舱扬声器的声音水平降低。 （9）松开 PTT 电门	

工　作　程　序 Working Procedure	工作者 Perf.By
5. 使用手提麦克风的 PTT 电门做一个驾驶舱和乘务员之间的通信测试。 （1）按飞行员头顶面板上的 ATTEND call 开关。 （2）在乘务员在位检查下面现象：确保能够从乘务员站位听到谐音。 （3）松开飞行员头顶面板上的 ATTEND call 开关。 （4）使用驾驶舱的 ASP 面板上的内话电门与乘务员站位联系。 （5）确保乘务员的手提电话中能清楚听到驾驶舱的声音。 （6）确保驾驶舱能清楚听到乘务员站位的声音	
6. 使用手提麦克风的 PTT 电门做一个驾驶舱和地面之间的通信测试。 （1）按压 ASP 上的 FLT INT 电门和对应的 SPKR 电门。 ① 确保 FLT INT 电门灯点亮。 ② 确保 SPKR 电门是按出位。 （2）将地面耳机插入电源面板的飞行内话耳机插孔内。 （3）按住机长手持式麦克风上的 PTT 电门。 （4）对着机长的手持麦克风讲话：确保地面能清楚听到驾驶舱的声音。 （5）松开机长手持式麦克风上的 PPT 电门。 （6）在飞机下使用地面耳机讲话：确保驾驶舱能清楚地听到地面的声音	
C. 让飞机恢复正常状态 1. 按下所有 ASPs 上的 FLT INT 麦克风选择开关。 确保灯是关着的。 2. 关闭所有 ASPs 上的 SPKR 音量控制。 3. 断开电源	
D. 结束工作 Close Out 1. 检查各个指定位置保险装置安装的状态，避免出现错装、漏装的现象。 2. 清点、检查工具的状态和数量，并将工具归还至指定位置。 3. 清点、检查剩余的耗材，并将其归还至指定位置。 4. 检查、清理工作场地，确保工作场地中没有遗留任何多余物。 5. 签署工卡	
参考图	

续表

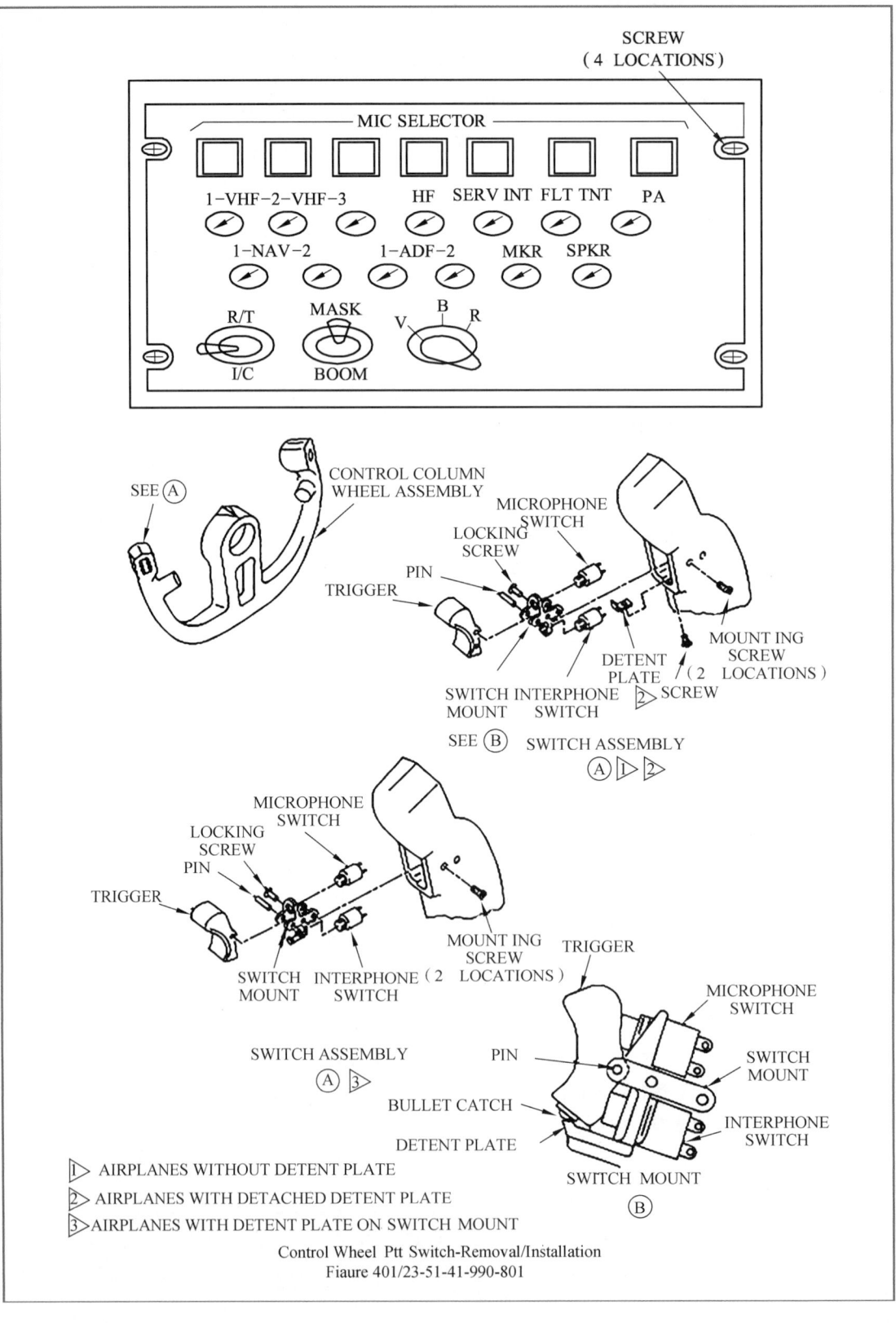

Control Wheel Ptt Switch-Removal/Installation
Fiaure 401/23-51-41-990-801

续表

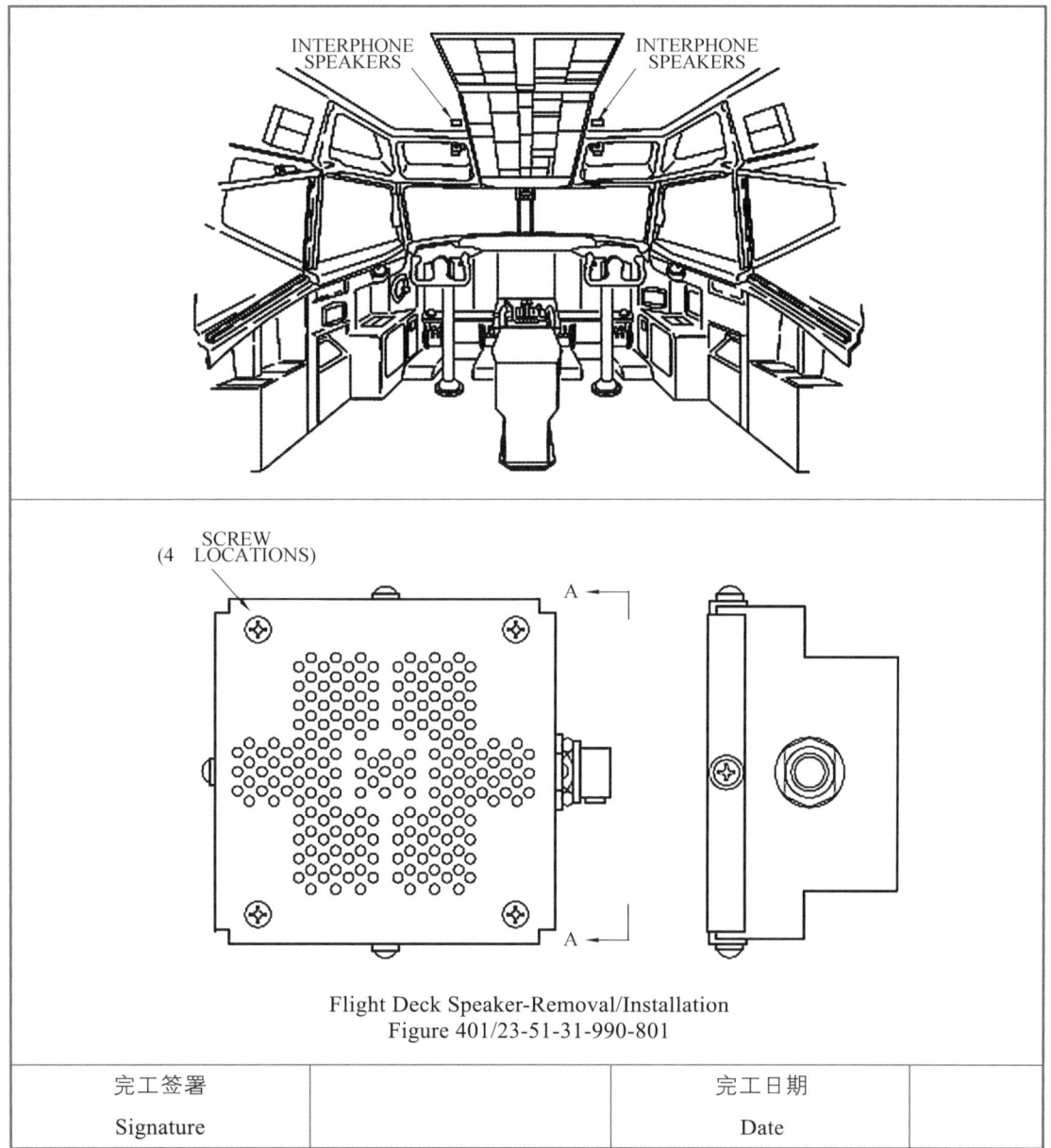

Flight Deck Speaker-Removal/Installation
Figure 401/23-51-31-990-801

完工签署 Signature		完工日期 Date	

模块2 航空器停放与系留

实作题目：B737-500的内话耳机使用、与机组联络通话测试

姓名： 　　　　　　学号：

评估终止项：考生评估过程中出现以下任一情况时，经考评员核实后立即终止评估，评估结论为"不通过"。

1. 未实施"工具三清点"或出现丢失工具的情况。
2. 不按工卡步骤施工、跳步骤或施工步骤遗漏。
3. 缺乏"九字方针"意识，违规签署工卡。
4. 出现违诚信要求，不按实测值、力矩值填写维修记录的情况。
5. 发生严重违反民航维修作风准则的。
6. 缺乏安全意识或出现可能造成航空器/设备损坏、人员受伤的行为。

工作步骤	评分要素		
	APS（20分）	基本技能（50分）	维修作风（30分）
1 准备 准备工卡、设备/工具器材： 1. 清点工具，确认工具处于正常状态。 2. 清点耗材，核对耗材的件号和数量。 3. 检查航空器中操作区域，如发现异常状态，尽快向教员如实汇报。 4. 清理工作场地，清除场地中的多余留外来物。 5. 给飞机供电。 6. 确保飞行员头顶面板上的勤务开关处于关闭位置	（1）设备、工具器材未准备到位，2分。 （2）未确认工具、设备状态，2分。 （3）未按要求落实工具三清点，3分。 （4）未查看量具有效期，5分。 （5）未清洁整理接机区域或施工区域残留外来物，2分。 （6）未实将航空器恢复至初始状态，2分。 （7）维修记录填写不规范，2分 （8）其他违反APS相关要求的情况，2分	（1）未正确正确给飞机供电，10分	（1）未按要求穿着工作服或防护鞋，5分。 （2）施工中未按要求实施个人防护，5分。 （3）工具、设备等摆放零乱，3分。 （4）未按照要求检查航空器，2分。 （5）检查异常问题未举手报告，5分。 （6）未按要求填写实测值，3分

续表

	序号	操作内容	扣分项
设置系统	2	在音频选择面板(ASP)上将所有监听开关设置为OFF位置	(2)未在音频选择面板(ASP)上将所有监听开关设置为OFF位置，2分
	3	1. 将FLT INT麦克风选择开关推至ON，确保FLT INT灯亮。2. 在所有三个ASPs上，将FLT INT音量控制调到大约最大值1/2到3/4	(3)未正确设置，5分
	4	在去F/O's的ASP进行音量控制测试	(4)未在去F/O's的ASP进行音量控制测试，3分
	5	测试机长的ASP	(5)未正确测试机长的ASP，5分
通话测试	6	使用手提麦克风上的PTT电门在每个机组位置之间进行通信测试	(6)未正确使用手提麦克风上的PTT电门在每个机组位置之间进行通信测试，5分
	7	使用手提麦克风的PTT电门做一个驾驶舱和乘务员之间通信测试	(7)未正确使用手提麦克风的PTT电门做一个驾驶舱和乘务员之间的通信测试，5分
	8	使用手提麦克风的PTT电门做一个驾驶舱和地面之间通信测试	(8)未正确使用手提麦克风的PTT电门做一个驾驶舱和地面之间的通信测试，5分
			(7)工具、设备出现掉落，3分。(8)其他违反维修操作风要求的情况，4分

续表

		步骤		标准工时	
让飞机恢复正常状态	9	1. 按下所有 ASPs 上的 FLT INT 麦克风选择开关。 2. 关闭所有 ASPs 上的 SPKR 音量控制。 3. 断开电源	（9）未让飞机恢复正常状态，10分		
	10	检查各个指定位置保险装置安装的状态，避免出现错装、漏装的现象			
收尾	11	清点、检查工具的状态和数量，并将工具归还至指定位置		20 分钟	
	12	清点、检查剩余的耗材，并将其归还至指定位置			
	13	检查、清理工作场地，确保工作场地中没有遗留任何多余物			
	14	签署工卡			

标准工时	20 分钟	实际工时	分钟	（1）未在标准工时内完成，超时 5 分钟以内扣 3 分，超时 5 分钟以上扣 5 分，超时 10 分钟以上强制结束评估。 （2）考评员提出的其他扣分项： 扣分值：
学生分数		是否通过结论	是 □ 否 □	考评员签字： 姓名： 原因： 日期：　年　月　日

项目拓展

模块2 航空器停放与系留   073

任务五 系留

知识目标

1. 学生了解航空器系留的工作规范。
2. 学生能够说出航空器系留的要点。

✈ 技能目标

1. 学生能够规范按照符合该型飞机的维修手册要求进行系留。
2. 学生能够在遭遇大风等特殊情况下对航空器按规定进行系留。

✈ 素养目标

1. 学生要具备"精益求精、严谨专注、耐心坚持、专业敬业"的民航工匠精神。
2. 具备"严谨、专业、诚信"的维修作风。
3. 学生能够做到:"三个敬畏——敬畏生命、敬畏规章、敬畏职责""四个意识——规章意识、风险意识、举手意识、纪律意识""五个到位——准备到位、施工到位、测试到位、收尾到位、交接到位"。
4. 学生能够正确实施"工具三清点",任务实施过程中不出现工具丢失的情况。
5. 学生能按照工卡步骤施工,不出现工卡步骤遗漏的情况,具备"九字方针"意识(看一条、做一条、签一条),诚信记录,按要求签署工卡。
6. 具备安全意识,不做出可能造成航空器/设备损坏,使人员受伤的行为。

任务导入

为提高面对台风天气时的应急处置能力,某飞机维修部在机场组织开展了大风天气飞机系留专项演练。在准备工作到位、飞机到达桥位并完成所有维护工作后,应急演练正式开始。参练员工分工明确、各司其职,认真检查地锚,将系留绳连接飞机和地锚,锁定拉紧。所有工作在大家的通力合作下有条不紊地进行。系留完成后,大家相互检查系留绳的松紧度以及绳结的牢固性,并就演练过程中的不足之处和系留技巧进行了交流,总结经验,完善应急预案。

知识准备

航空器系留可以有效防止航空器在停留期间非正常移动,将航空器保持在安全状态。系留的相关图形如图 2-9 ~ 2-11 所示。

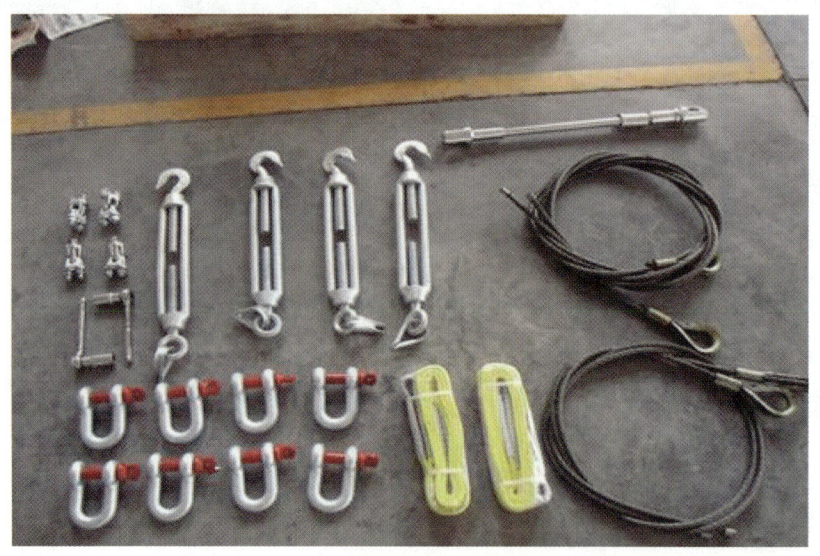

图 2-9 专用系留设备

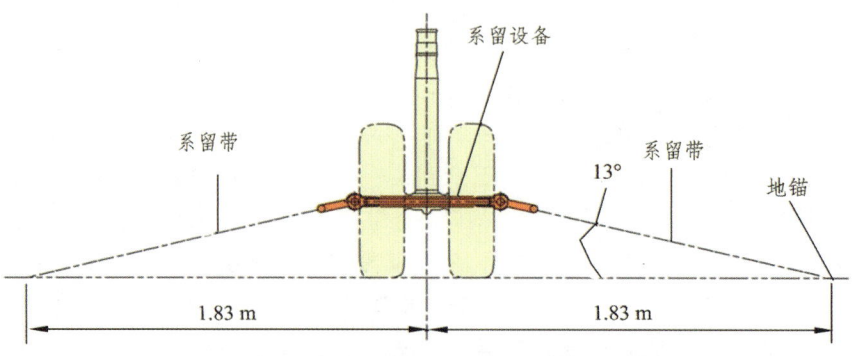

图 2-10 前起落架系留简图

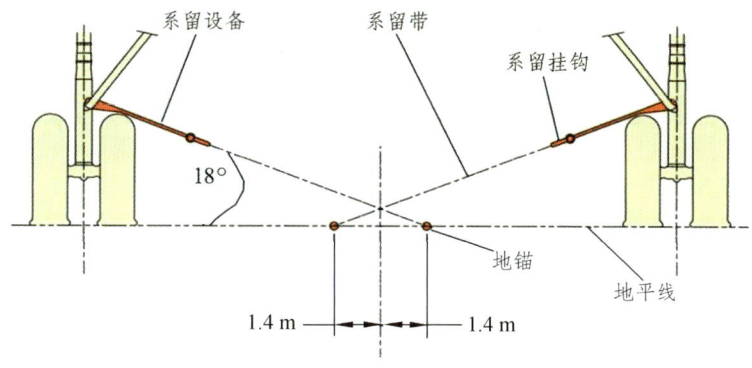

图 2-11　主起落架系留简图

安全管理

1. 航空器的系留设备应符合维修手册的要求。
2. 航空器停放时的系留要求和大风时的附加措施应按维修手册规定执行。

知识整理

项目工单

飞机地面勤务技术基础工单

工卡标题 Title	B737-500 飞机系留
工具 Tool	轮挡、专用系留设备（前起落架系留设备 SPL-1520、主起落架系留带 COM-6734、起落架系留挂钩 STD-11380）
耗材 Material	手套、抹布、手电（按需）、工具盘、扳手、套筒

工 作 程 序 Working Procedure	工作者 Perf.By
A. 工作准备 Job Set-Up 1. 清点工具，确认工具处于正常状态。 2. 清点耗材，核对耗材的件号和数量。 3. 检查航空器中操作区域，如发现异常状态，尽快向教员如实汇报。 4. 清理工作场地，清除场地中的多余物 B. 工作步骤 Procedure 1. 接收维修任务。 （1）从规定渠道获取风害来临气象信息通报，并确定系留航空器。 （2）领取或打印维修工作单卡：AMM 10-21-00/201。 2. 检查飞机预定的停放区域，确认： （1）飞机型号符合停放区域允许进出和停放的最大机型限制，停放区域内各标线、引导线清晰可见，停放区域内的地面设备已放置在规定的存放区域标线内。 （2）飞机在滑行或拖行到停放机位过程中以及飞机停放后，与其他飞机、地面设备或其他障碍物之间的横向安全距离（净距）符合安全标准。 （3）飞机相对停放时的间距应至少为翼展的 1.35～1.5 倍，以保证滑行转弯需要空间。说明：机型维修手册（或说明书）有具体要求的应优先采用。 （4）不同型号的飞机分开停放，并考虑飞机试车、滑行时的气流不应对其他飞机构成危险。维修人员对进出和停放区域的道面进行检查，确定停机坪表面不能有松散碎块脱落，保持清洁干净。 （5）轮挡合格性检查：确认停放区轮挡的规格和数量满足要求，检查轮挡的状况良好警告：应确保轮挡已正确安放。如果轮挡安放不正确，飞机可能移动，导致飞机损伤。 警告：必须去除机轮下面及周围的雪或冰，以降低飞机移动的可能性。 3. 停放工作。 （1）飞机停放。 除必须设置停留刹车之外，还需执行程序：飞机停放 TASK10-11-01-580-801。	

续表

工 作 程 序 Working Procedure	工作者 Perf.By
说明：在执行飞机停放的工卡 TASK 10-11-01-580-801 时，无需执行静电接地工作，另外，对于保护盖的安装工作，仅需安装前机身的三个皮托管套即可。如有风沙天气，按照沙尘天气航线维护的要求执行保护盖的安装。 （2）确保飞机按要求挡轮挡。 ① 如果停机坪没有倾斜度，则执行下列工作： 放置起落架轮挡，确保轮挡距离起落架轮胎后部 51 mm（2 英寸）。 说明：当给飞机加载时，如果轮挡放置得过于接近轮胎的话，轮胎可能会压住轮挡，使其难以移出。 ② 如果停机坪有倾斜度，则执行下列工作： 在放置位于前起落架和主起落架轮胎下游的轮挡时，确保其与轮胎接触，在放置位于前起落架和主起落架轮胎上游的轮挡时，确保其与轮胎的间距大约为 51 mm（2 英寸）。 说明：波音手册对大风情况下放置轮挡有明确要求： 当风速≤35 节（65 km/h 或 18 m/s）时，参考 AMM TASK 10-11-05-500-801；当风速＞35 节（65 km/h 或 18 m/s）时，参考 AMM TASK 10-11-05-500-802。 （3）设置电瓶电门到 ON 位。 注意：停留刹车设置后 8 h 内有效。在超过 8 h 之前，必须释放并再次设置停留刹车。这将确保停留刹车有足够的液压压力。否则飞机可能因意外移动而损伤。 （4）在机长控制台上，踩下刹车脚蹬，并拉起停留刹车手柄。 （5）松开脚蹬并放开停留刹车手柄。 说明：确保停留刹车已设好并且控制台上的停留刹车指示灯点亮。 （6）如果不再需要电瓶电源，则将电瓶电门置于 OFF 位置。 注意：不要阻碍驾驶杆或方向舵脚蹬的移动。如果驾驶杆或脚蹬不能移动，可能造成操纵系统损伤。 （7）确保襟翼在完全收上位，以减少机翼升力。 4. 对前起落架进行系留。 安装前起落架系留设备到前起落架；连接系留装置另一端到地锚。 （1）前起落架两侧的系留设备和地锚必须符合下列承载能力： ① 平行于飞机 Y 轴载荷 73 000 N（16 300 lb）。 ② 拉伸载荷 74 000 N（16 730 lb）。 （2）进行检查，确保所有的系留带张力相同。 5. 主起落架系留。 （1）在每个主起落架减震支柱上平行于飞机 Y 轴，绑上系留带和勾环。 将系留设备拴在主起落架的锁扣处	

续表

工 作 程 序 Working Procedure	工作者 Perf.By
将主起落架系留设备另一端连接到对侧地锚上。 （2）主起落架两侧的系留设备和地锚必须符合下列承载能力： ① 平行于飞机 Y 轴载荷 46 000 N（10 400 lb）。 ② 拉伸载荷 49 000 N（10 940 lb）。 说明：在大风条件下过大的张力可能造成飞机连接点处发生应变变形。 6. 其他停放系留工作。 （1）给飞机加注燃油以达到最大燃油容量，尽可能地将飞机重心向前移动。 警告：遵守加油操作程序中的预防措施，如果不遵守这些要求，会导致火灾或爆炸、人员受伤或设备损坏。 （2）确保所有的窗户、洗手间门、外部门、接近盖板关闭并锁好。 （3）确保相应的堵盖和堵头紧固在位。 （4）确认飞机周围没有在强风条件下可能移动，造成飞机损伤的设备	
C. 结束工作 Close Out 1. 检查各个指定位置保险装置安装的状态，避免出现错装、漏装的现象。 2. 清点、检查工具的状态和数量，并将工具归还至指定位置。 3. 清点、检查剩余的耗材，并将其归还至指定位置。 4. 检查、清理工作场地，确保工作场地中没有遗留任何多余物。 5. 签署工卡	
完工签署 Signature	完工日期 Date	

模块2 航空器停放与系留

项目评估单

实作题目：**B737-500 飞机系留**

姓名：　　　　　　　　　　学号：

评估终止项：考生评估过程中出现以下任一情况时，经考评员核实后立即终止评估，评估结论为"不通过"。
1. 未实施"工具三清点"或出现丢失工具的情况。
2. 不按工卡步骤施工，跳步骤或施工步骤遗漏。
3. 缺乏"九字方针"意识，违规签署工卡。
4. 出现违反诚信要求，不按实测值，力矩值填写维修记录的情况。
5. 发生严重违反民航维修作风准则的。
6. 缺乏安全意识或出现可能造成航空器/设备损坏、人员受伤的行为。

	工作步骤	评分要素		
		APS（20分）	基本技能（50分）	维修作风（30分）
准备 1	准备工卡、设备工具/器材： 1. 清点工具，确认工具器材处于正常状态。 2. 清点耗材，核对耗材的件号和数量。 3. 检查航空器中操作区域，如发现异常状态，尽快向教员如实汇报。 4. 清理工作场地，清除场地中的多余物	（1）设备、工具器材未准备到位，2分。 （2）未确认工具、设备状态，2分。 （3）未按要求落实工具三清点，3分。 （4）未查看量具有效期，5分。 （5）未清洁整理接机区域或施工区域残留外来物，2分。		（1）未按要求穿着工作服或防护鞋，5分。 （2）施工中未按要求实施个人防护，5分。 （3）工具、设备等摆放零乱，3分。 （4）未按照要求检查航空器，2分。 （5）检查异常问题未举手报告，5分。

续表

项目	序号	内容	扣分
			(6) 未按要求填写实测值，3分。(7) 工具、设备出现掉落，3分。(8) 其他违反维修作风要求的情况，4分
接收维修任务	2	1. 从规定渠道获取风害来临气象信息通报，并确定系留航空器。2. 领取或打印维修工作卡：AMM 10-21-00/201	(1) 未正确接收维修任务，2分 (6) 未将实航空器恢复至初始状态，2分。(7) 维修记录填写不规范，2分。(8) 其他违反APS相关要求的情况，2分
检查飞机停放区域	3	检查飞机预定的停放区域并确认	(3) 未正确检查飞机预定的停放区域并确认，3分
	4	轮挡合格性检查	(4) 未正确进行轮挡合格检查，3分
停放工作	5	飞机停放	(5) 飞机停放正确，2分
	6	确保飞机按要求挡轮挡	(6) 未确保飞机按要求挡轮挡，3分
	7	设置电瓶电门并刹车	(7) 未正确设置电瓶电门并刹车，2分
前起落架系留	8	安装前起落架系留设备到前起落架，连接系留装置另一端到前地锚	(8) 未正确安装前起落架系留设备到前起落架，连接系留装置另一端到前地锚，15分
主起落架系留	9	完成主起落架系留	(9) 未正确完成主起落架系留，15分
其他停放系留工作	10	1. 给飞机加注燃油以达到最大燃油容量，尽可能地将飞机重心向前移动。2. 确保所有的窗户、洗手间门、外部门，接近盖板夹闭并锁好。3. 确保相应的堵盖和堵头紧固在位。4. 确认飞机周围没有在强风条件下可能移动、造成飞机损伤的设备	(10) 未完成其他停放系留工作，5分

续表

		序号	内容	标准工时	实际工时	是否通过结论
收尾		11	检查各个指定位置保险装置安装的状态，避免出现错装、漏装的现象	20 分钟	分钟	是 □ 否 □
		12	清点、检查工具的状态和数量，并将工具归还至指定位置			
		13	清点、检查剩余的耗材，并将其归还至指定位置			
		14	检查、清理工作场地，确保工作场地中没有遗留任何多余物			
		15	签署工卡			

（1）未在标准工时内完成，超时 5 分钟以内扣 3 分，超时 5 分钟以上扣 5 分，超时 10 分钟以上强制结束评估。
（2）考评员提出的其他扣分项。
扣分值： 原因：

学生分数

考评员签字　　　　　　　姓名：

日期：　　　年　　月　　日

项目拓展

模块 3 起落架勤务

任务一 起落架轮胎勤务
任务二 起落架减震支柱勤务

模块 3　起落架勤务

任务一

起落架轮胎勤务

知识目标

1. 学生了解飞机轮胎的作用。
2. 学生能够说出起落架轮胎气压的标准值。

技能目标

1. 学生能够正确测量起落架轮胎胎压。
2. 学生能够给起落架轮胎进行充气。

素养目标

1. 学生要具备"精益求精、严谨专注、耐心坚持、专业敬业"的民航工匠精神。
2. 具备"严谨、专业、诚信"的维修作风。
3. 学生能够做到："三个敬畏——敬畏生命、敬畏规章、敬畏职责""四个意识——规章意识、风险意识、举手意识、纪律意识""五个到位——准备到位、施工到位、测试到位、收尾到位、交接到位"。
4. 学生能够正确实施"工具三清点"，任务实施过程中不出现工具丢失的情况。
5. 学生能按照工卡步骤施工，不出现工卡步骤遗漏的情况，具备"九字方针"意识（看

起落架轮胎勤务微课视频

起落架轮胎勤务实训微课视频

一条、做一条、签一条），诚信记录，按要求签署工卡。

6. 具备安全意识，不做出可能造成航空器/设备损坏，使人员受伤的行为。

任务导入

1991 年，尼日利亚航空 2120 号班机由于飞机轮胎充气不足导致其在滑跑过程中过热，起飞不久后整个飞机发生了起火事件。大火引燃了油箱并导致飞机解体，机上 261 人全部遇难。

知识准备

飞机轮胎的主要作用是支撑航空器重量，在飞机起飞、着陆和滑行时，承受垂直方向的载荷，以及与地面产生制动摩擦力。常见的轮胎维护工作包括气压测量、充气和检查。

飞机轮胎是无内胎的空心轮胎，里面充满干燥的氮气。轮胎内部必须有合适的气压压力保证飞机的安全。

轮胎气压直接影响轮胎的使用性能。气压不足会导致胎肩过度磨损、轮胎错线，减震性能和抗冲击性能降低。气压过高会导致胎面过度磨损，影响使用寿命。各机型的轮胎胎压标准可以在相应手册中找到。

安全管理

1. 轮胎气压测量时应规范使用气压表。例如：气压表应在有效期内，气压表测量口应对正气门芯等。
2. 气源必须符合该型航空器的规定。
3. 轮胎气压不符合标准时，依据维修手册执行相关修理工作。
4. 轮胎放气时，应使用专用放气工具。
5. 轮胎充气时，应少充多量，防止过充。

轮胎气压测量和充气工作结束后，均应使用渗漏测试剂检查，确保无渗漏。

知识整理

项目工单

飞机地面勤务技术基础工单

工卡标题 Title	B737-500 轮胎勤务
工具 Tool	压缩氮气瓶、气瓶压力表、气瓶减压阀、充气工具、胎压表
耗材 Material	肥皂水（件号：MIL-PRF-25567E）、手套、抹布

工 作 程 序 Working Procedure	工作者 Perf.By
注意事项： 1. 轮胎气压测量时应规范使用气压表。例如：气压表在有效期内，气压表测量口应对正气门芯等。 2. 气源必须符合该型航空器的规定。 3. 轮胎气压不符合标准时，依据维修手册执行相关工作。 4. 轮胎放气时，应使用专用放气工具。 5. 轮胎充气时，应少充多量，防止过充。 6. 轮胎气压测量和充气工作结束后，均应使用渗漏测试剂检查，确保无渗漏	
A．工作准备 Job Set-Up （1）检查、清点耗材、器材等，检查测量工具计量标签，确保处于可用状态。 （2）检查地面安全锁以及所需系统的限动措施是否处于正确状态，避免意外事故发生。 （3）检查充气气瓶和减压阀，确认压力正常，连接可靠。 （4）检查、清理操作场地。 ① 清理场地中的多余物。 ② 彻底清除轮挡警示锥放置区的霜、冰、雪和油污	
B．工作步骤 Procedure 1. 手册查询。 查询轮胎勤务维护程序。	
2. 概述。 （1）对飞机轮胎的维护，最重要的就是检查和维持轮胎的充气压力，不正确的充气压力会导致轮胎胎面的不正常磨损。 （2）轮胎充气不足，最典型的损坏是胎肩部位出现过度磨损。这种磨损将增加轮胎侧壁和胎肩与轮缘的擦伤。同时，在正常的过热累积下它还会缩短轮胎使用寿命。 （3）轮胎充气压力过大，典型损伤是胎面中心部位磨损。这将会减少飞机牵引力，轮胎在过度膨胀的情况下还可能引起胎面刺穿	

续表

工 作 程 序 Working Procedure	工作者 Perf.By
3. 寒冷天气下的轮胎维护。 （1）检查轮胎是否缩小变瘪。随着外界温度的下降，轮胎压力将随之轻微下降，但是轮胎过度的缩小则表明充气活门处存在渗漏。应尽量避免不必要的充气压力检查。 （2）如果确实需要在寒冷天气下检查轮胎压力，应在顶开活门座之前用热空气加热充气活门及周边区域。 （3）在进行充气时应继续使用热空气加热活门，以确保活门关闭时保持密封弹性。 （4）禁止将飞机机轮停放在被汽油浸泡的雪地里或是地面覆盖有汽油的停机坪。 （5）如果飞机停放时轮胎被冻结住，移动飞机前应使用热空气或热水将冰层融化	
4. 安全措施和注意事项。 （1）安全措施。 ① 等轮胎温度完全降低到正常状态后才能对轮胎进行维护。 ② 在维护时，维护人员应站在与轮轴中心线成 90°的位置下进行。 轮胎发生爆炸时是沿着胎缘破裂的，因此，如果维护人员站在轮胎胎缘前面区域，很可能造成身体受伤。 ③ 不建议使用轮胎密封胶，对轮胎使用密封胶可能会导致机轮腐蚀。 （2）注意事项。 ① 对于首次安装使用的有内胎的轮胎，在使用的第一周应该仔细检查，这包括每次起飞前的检查。在轮胎装配时残留在外胎和内胎之间的空气会沿着轮胎侧壁与轮毂凹槽结合边缘或沿着充气活门周围渗漏出来，造成轮胎充气压力的降低。 ② 轮胎装配后其初始的伸展或膨胀会引起轮胎压力的下降。因此，充气后存放超过 12 h 的轮胎不能投入使用，必须重新检查充气压力并按轮胎标准压力重新充气。 ③ 不准确的压力表是引起轮胎充气不正确的主要原因。应确定使用的轮胎充气压力表指示精确	
5. 操作流程。 轮胎勤务： （1）定期检查轮胎充气压力。 ① 定期检查时应在轮胎温度冷却下来后（飞行后至少经过 2~3 h）对轮胎压力进行检查；同时在每次飞行前，也应检查轮胎压力。 ② 在检查充气压力的同时，还应检查轮胎是否存在磨损、切口和擦伤。使用肥皂水清洗轮胎上的油脂、滑油和泥土等脏物。 （2）使用推荐的胎压表测量轮胎压力，并参考下面的参数，判断是否正常。 注意：应保证轮胎压力的正常，尤其是在寒冷天气下。轮胎内空气温度的下降使压力也相应随之下降	

续表

工 作 程 序 Working Procedure	工作者 Perf.By
172P 型　　　　　　　　　　　　　　　172S 型 主轮型号　　　6.00X6，4-ply　　　　　　6.00X6，4-ply 充气压力　　　28 PSI　　　　　　　　　28 PSI 前轮型号　　　5.00X5，4-ply　　　　　　5.00X5，4-ply 充气压力　　　34 PSI　　　　　　　　　45 PSI 前轮压力实测值：_____PSI 左主轮压力实测值：_____PSI 右主轮压力实测值：_____PSI	
（3）调节轮胎压力。 注意：使用经调节压力的气源给轮胎充气，未经调节的气源可能造成人员受伤和设备受损！ 　前轮充气压力值：_____ PSI 　左主轮充气压力值：_____PSI 　右主轮充气压力值：_____PSI	
C.结束工作 Close Out （1）确认起落架安全销取下，并清点数量，放置在规定位置。 （2）检查、清点轮挡和警示锥等，并归还到指定位置。 （3）清理工作场地，并将工作区域恢复到正常状态	
完工签署 Signature	完工日期 Date

项目评估单

实作题目：航前勤务（B737-500 轮胎勤务）　　姓名：　　学号：

评估终止项：考生评估过程中出现以下任一情况时，经考评员核实后立即终止评估，评估结论为"不通过"。
1. 未实施"工具三清点"或出现丢失工具的情况。
2. 不按工卡步骤施工、跳步骤施工或施工步骤遗漏。
3. 缺乏"九字方针"意识，违规签署工卡。
4. 出现违反诚信要求，不按实测值、力矩值填写维修记录的情况。
5. 发生严重违反民航维修准则的。
6. 缺乏安全意识或出现可能造成航空器/设备损坏、人员受伤的行为。

	工作步骤	评分要素		
		APS（20分）	基本技能（50分）	维修作风（30分）
准备 1	准备工卡、设备、工具/器材： 1. 清点工具，确认工具处于正常状态。 2. 清点耗材，核对耗材的件号和数量。 3. 检查航空器中操作区域，如发现异常状态，尽快向教员汇报。 4. 清理工作场地，清除场地中的多余物。	(1) 设备、工具器材未准备到位，2分。 (2) 未确认工具、设备状态，2分。 (3) 未按要求落实工具三清点，3分。 (4) 未查看量具有效期，2分。 (5) 未清洁整理接机区域或施工区域残留多余物，2分。		(1) 未按要求穿着工作服或防护鞋，5分。 (2) 施工中未按要求落实个人防护，5分。 (3) 工具、设备等摆放零乱，3分。 (4) 未按照要求检查航空器，2分。 (5) 检查异常问题未举手报告，5分。
手册查询 2	查询轮胎勤务维护程序		(1) 查询轮胎勤务维护程序不正确，15分。	

续表

		工作内容	标准工时	扣分项
检查轮胎充气压力	3	检查轮胎充气压力		（2）检查轮胎充气压力方法不正确，10分。 （3）未能正确填写轮胎压力，10分。 （6）未将实航空器恢复至初始状态，2分。 （7）维修记录填写不规范，2分。 （8）其他违反APS相关要求的情况，2分。 （6）未按要求填写实测值，3分。 （7）工具、设备出现摔落，3分。 （8）其他违反维修作风要求的情况，4分。
调节轮胎压力	4	调节轮胎压力正确		（4）调节轮胎压力不正确，15分。
收尾	5	检查各个指定位置保险装置安装的状态，避免出现错装、漏装的现象	20分钟	
	6	清点、检查工具的状态和数量，并将工具归还至指定位置		
	7	清点、检查剩余的耗材，并将其归还至指定位置		
	8	检查、清理工作场地，确保工作场地中没有遗留任何多余物		
	9	签署工卡		
标准工时			实际工时 分钟	（1）未在标准工时内完成，超时5分钟以内扣3分，超时5分钟以上扣5分，超时10分钟以上强制结束评估。 （2）考评员提出的其他扣分项。
学生分数			是否通过结论 是□ 否□	扣分值： 原因：
			考评员签字	姓名： 日期： 年 月 日

项目拓展

任务二

起落架减震支柱勤务

✈ 知识目标

学生了解起落架减震支柱的作用和工作原理。

✈ 技能目标

学生能够完成起落架减震支柱镜面清洁工作。

✈ 素养目标

起落架减震支柱勤务微课视频

起落架减震支柱勤务实训微课视频

1. 学生要具备"精益求精、严谨专注、耐心坚持、专业敬业"的民航工匠精神。
2. 具备"严谨、专业、诚信"的维修作风。
3. 学生能够做到:"三个敬畏——敬畏生命、敬畏规章、敬畏职责""四个意识——规章意识、风险意识、举手意识、纪律意识""五个到位——准备到位、施工到位、测试到位、收尾到位、交接到位"。
4. 学生能够正确实施"工具三清点",任务实施过程中不出现工具丢失的情况。
5. 学生能按照工卡步骤施工,不出现工卡步骤遗漏的情况,具备"九字方针"意识(看一条、做一条、签一条),诚信记录,按要求签署工卡。
6. 具备安全意识,不做出可能造成航空器/设备损坏,使人员受伤的行为。

任务导入

某航空公司维修人员未用规定牌号的液压油清洁镜面,导致封圈失效,油液渗漏。

知识准备

起落架减震支柱负责吸收着陆力并将垂直载荷传递到飞机结构。减震支柱是标准的油-气震动吸收器。它们有一个内筒在外筒内运动,在减震支柱上部有压缩氮气,在内筒和外筒之间有静密封圈和动密封圈。它们将氮气和液压油保持在减震支柱中,清洁减震支柱镜面将更容易确定是否有密封泄漏,以此降低污染物对封严的磨损,从而延长减震支柱封严的寿命。

B737-500 主起落架减震支柱镜面如图 3-1 所示。

图 3-1　B737-500 主起落架减震支柱镜面

安全管理

1. 清洁时应避免损伤。例如:工作时应取下手表和戒指。
2. 按要求完成减震支柱镜面的清洁工作。例如:使用蘸有液压油的抹布将减震支柱镜面清洁干净,并形成一层油膜。
3. 为了最大限度地清洁减震支柱镜面,应该在飞机加注燃油之前进行清洁。

知识整理

模块 3　起落架勤务

飞机地面勤务技术基础工单

工卡标题 Title	B737-500 飞机的减震支柱镜面清洁			
实习课时：2 课时	实习日期：		实习工位：	飞机施工工位
工具和设备： （1）手电。　　　　　　　　　　PART#： （2）工作梯　　　　　　　　　　PART#：				
劳保用品、耗材、器材： （1）起落架减震支柱清洁布，自带。　　PART#：BMS3-32 （2）手套　　　　　　　　　　　　　　PART#：				
参考资料： 航空器维修实践教材、飞机维护手册				
注意事项： 警告：必须小心地安装所有起落架的地面锁销。起落架的意外收缩会对人员和设备造成伤害。确保所有起落架上都安装了地面锁				
工作步骤			工作者	检查者
1. 准备工作 （1）清点工具，确认工具处于正常状态。 （2）清点耗材，核对耗材的件号和数量。 （3）检查航空器中操作区域，如发现异常状态，尽快向教员如实汇报。 （4）清理工作场地，清除场地中的多余物				
2. 操作流程： 警示：不要用摩擦的方法去除污迹。这样会对铬表面造成损害。 注：轴承的自润滑材料会造成黑色污迹。它们会在铬上造成粗糙的区域。这种污染物的存在是被允许的。使用专用清洁布清洁镀铬表面的污迹				
3. 操作结束后的检查和场地恢复： （1）确认起落架安全销取下，并清点数量，放置在规定位置。 （2）检查、清点轮挡和警示锥等，并归还到指定位置。 （3）清理工作场地，并将工作区域恢复到正常状态				
工卡结束				
完工签署 Signature			完工日期 Date	

实作题目：航前勤务（B737-500飞机的减震支柱镜面清洁）

姓名：　　　　　　　　　　　学号：

评估终止项：考生评估过程中出现以下任一情况时，经考评员核实后立即终止评估，评估结论为"不通过"。

1. 未实施"工具三清点"或出现丢失工具的情况。
2. 不按工卡步骤施工、跳步骤或施工步骤遗漏。
3. 缺乏"九字方针"意识，违规签署工卡。
4. 出现违诚信要求，不按实测值，力矩值填写维修记录的情况。
5. 发生严重违反民航维修作风准则的。
6. 缺乏安全意识或出现可能造成航空器/设备损坏，人员受伤的行为

工作步骤	评分要素		
	APS（20分）	基本技能（50分）	维修作风（30分）
准备 1 准备工作、设备、工具/工具器材： 1. 清点工具，确认工具处于正常状态。 2. 清点耗材，核对耗材的件号和数量。 3. 检查航空器中操作区域，如发现异常状态，尽快向教员如实汇报。 4. 清理工作场地，清除场地中的多余物	（1）设备、工具器材未准备到位，2分。 （2）未确认工具、设备状态，2分。 （3）未按要求落实工具三清点，3分。 （4）未查看量具有效期，5分。 （5）未清洁整理接机区域或施工区域残留多余物，2分		（1）未按要求穿着工作服或防护鞋，5分。 （2）施工中未按要求实施个人防护，5分。 （3）工具、设备等摆放零乱，3分。 （4）未按照要求检查航空器，2分。 （5）检查异常问题未举手报告，5分

续表

	序号	内容	扣分项
镜面清洁	2	按要求完成飞机减震支柱镜面清洁	（1）未按要求完成飞机减震支柱镜面清洁，50分 （6）未按要求填写实测值，3分。 （7）工具、设备出现摔落，3分。 （8）其他违反维修作风要求的情况，4分
	3	检查各个指定位置保险装置安装的状态，避免出现错表、漏表的现象	
	4	清点、检查工具的状态和数量，并将工具归还至指定位置	
收尾	5	清点、检查剩余的耗材，并将其归还至指定位置	（6）未将实装航空器恢复至初始状态，2分 （7）维修记录填写不规范，2分。 （8）其他违反APS相关要求的情况，2分
	6	检查、清理工作场地，确保工作场地中没有遗留任何多余条物	
	7	签署工卡	

标准工时	20分钟	实际工时	___分钟	（1）未在标准工时内完成超时5分钟以内扣3分，超时5分钟以上扣5分，超时10分钟以上强制结束评估。 （2）考评员提出的其他扣分项。 扣分值：　　　　原因：
学生分数		是否通过结论	是□　否□	考评员签字　　姓名： 日期：　　　年　　月　　日

项目拓展

模块 4　液压油勤务

模块 4　液压油勤务

教学目标

  知识目标

1. 学生了解航空器液压油勤务的方法。
2. 学生能够说出液压油勤务的要点。

液压油勤务微课视频

  技能目标

学生能够规范实施航空器液压油勤务。

素养目标

1. 学生要具备"精益求精、严谨专注、耐心坚持、专业敬业"的民航工匠精神。
2. 具备"严谨、专业、诚信"的维修作风。
3. 学生能够做到："三个敬畏——敬畏生命、敬畏规章、敬畏职责""四个意识——规章意识、风险意识、举手意识、纪律意识""五个到位——准备到位、施工到位、测试到位、收尾到位、交接到位"。
4. 学生能够正确实施"工具三清点",任务实施过程中不出现工具丢失的情况。
5. 学生能按照工卡步骤施工,不出现工卡步骤遗漏的情况,具备"九字方针"意识(看一条、做一条、签一条),诚信记录,按要求签署工卡。
6. 具备安全意识,不做出可能造成航空器/设备损坏,使人员受伤的行为。

任务导入

由于维护人员在航前检查和勤务过程中没有及时向油箱内加液压油,造成油箱油量不足,导致在飞机飞行过程中,液压系统的液压油压力不足。

知识准备

随着飞机的大型化,一对副翼的重量可达 1 吨以上,驾驶员操纵控制各操纵面时仅想凭体力去搬动驾驶杆、踏踩脚蹬、拉动钢索使副翼或方向舵转动是绝对办不到的。此时飞机上就出现了助力机构——液压传动系统。液压传动是以液压油为工作介质,利用液压油静压来完成传动的一种工作方式。因此液压系统是飞机非常重要的系统之一,需要定期地检查液压油量。按照工卡的标准进行液压油箱勤务工作以保证液压油箱的油量符合要求。

空客飞机跟波音飞机的液压系统有所差异,空客飞机的液压系统分为绿、黄、蓝三个子系统,分别由左发 EDP(发动机驱动泵)、右发 EDP、蓝系统电动泵增压;其中,绿、黄系统可通过 PTU(动力传输组件)相互增压。三个系统分别为飞控舵面、起落架、前轮转弯、货舱门、刹车、反推等提供 3 000 PSI 的液压动力。此外,黄系统还装有一个电动泵,用于 EDP 失效时备用或地面增压,同时安装有一个手摇泵,用于飞机未通电时操作货舱门。三个液压系统分别对应一个地面勤务面板,用于液压系统地面维护,如加油、油箱释压等工作。

A320 飞机液压油地面勤务面板位置示意图如图 4-1 所示。

图 4-1　A320 飞机液压油地面勤务面板位置示意图

三个液压系统分别安装有一个液压油箱,用于储存系统液压油并为液压泵供油。液压油箱使用左发高压压气机引气、双发低压压气机引气、APU 引气或地面气源增压至 50 PSI,以确保供油能力,绿系统油箱安装在主起落架舱内;黄系统油箱安装在右侧起落架操作手柄舱内;蓝系统油箱安装在机腹整流罩左侧后上方。

波音飞机的波音 737 也有三个液压系统:A 系统、B 系统和备用系统。3 套系统都能独立为所有飞行系统提供液压动力,每套系统均有一个位于主轮舱区域的液压油箱。正常情况下,A 系统和 B 系统在飞机飞行过程中始终是有压力的。A 系统、B 系统使用 1 个发动机驱动泵和 1 个电马达驱动泵,备用系统使用 1 个电马达驱动泵。备用系统油箱与 B 系统油箱相连,用于增压和地面勤务,当 A 系统和/或 B 系统失效即压力丧失时,由备用系统为飞机提供液压动力,可以用来为操控方向舵、反向推力装置和伸出前缘装置提供动力。当遇到失效情况时,波音 737 飞机 B 系统失效,通过 PTU 由 A 系统电动泵供压,A 系统和/或 B 系统失效即压力丧失时,由备用系统供压。

B737-500 飞机液压油箱图片如图 4-2 所示。

图 4-2　B737-500 飞机液压油箱图片

手册章节

描述章节：

AMM29-00-00（液压系统概述）。

AMM29-16-00（液压加油系统概述）。

工作参考章节：

AMM12-12-29-611-001（液压油添加）。

AMM29-00-00-864-001（液压系统维护构型）。

AMM29-00-00-910-002（液压系统安全规范）。

工作参考程序：

G-ME-225（液压油添加规范）。

安全管理

1. 按照维修手册规定，选择指定的液压油。
2. 工作前需确认起落架安全销在位。
3. 工作前需确认液压油箱增压正常、系统储压器和刹车储压器压力正常。
4. 工作前需检查确认货舱门、起落架舱门、反推、扰流板在关闭或收回位，其他液压控制系统在正常位置，不然会导致液压油量添加过多，对液压系统造成损伤。
5. 工作过程中不得增压液压系统。
6. 工作过程中不得对相应液压油箱释压。
7. 工作过程中不应有水分、杂质进入油箱。
8. 工作时需严格遵守液压系统安全规范（人身安全防护、液压油使用规范等）。
9. 必须添加牌号适用的液压油或依据手册可替代的液压油。
10. 工作过程中不得使液压油接触眼睛和皮肤，若发生意外，立即使用大量清水冲洗并及时就医。

知识整理

项目工单

飞机地面勤务技术基础工单

工卡标题 Title	B737-500 飞机液压油勤务
工具 Tool	耐油手套、护目镜、口罩、液压油压力加油设备、放油软管、耐油容器、接油设备、手电（按需）
耗材 Material	液压油（BMS3-11）

工 作 程 序 Working Procedure	工作者 Perf.By
A. 工作准备 Job Set-Up 1. 给 A、B 和备用液压系统增压。 2. 确保襟翼和缝翼处于上位，反推收回，扰流板放下，刹车松开。 3. 旋转加油选择活门至对应系统位置。 4. 在灌满系统 B 油箱前，确保刹车蓄压器有至少 2 800 psig（19 305 kPa）的压力（液压泵关闭）	
B. 工作步骤 Procedure 1. 机载手摇泵加油。 （1）将软管取出，清洁管口，将管口插入到液压油桶中，确保液压油能够完全浸没管口。 （2）摇动手柄给液压系统加油，确保液压油箱表指针更接近满位"F"，大约在加油位"RFL"和满位"F"之间的 2/3 处。 （3）观察驾驶舱中液压油量指示表中的指示量是否多于 76%。 （4）加油结束后要复位选择活门，擦拭管口，复位好软管	
2. 使用便携式液压车加油。 （1）取下加油口的防尘盖，如果防尘盖表面有异物应该擦拭干净，连接液压车。 （2）打开液压车手柄进行加油，确保液压油箱表指针更接近满位"F"，大约在加油位"RFL"和满位"F"之间的 2/3 处。 （3）观察驾驶舱中液压油量指示表中的指示量是否多于 76%。 （4）加油结束，脱开液压车，清洁连接区域，拧好防尘盖	
3. 油液过多需要进行放油。 （1）给液压油箱释压。 （2）连接软管到排放活门上，另一端接到耐油容器中。 （3）拆除活门上的保险，打开活门进行放油，监控好油量。 （4）放油结束，脱开软管，清洁活门口，打上保险。 （5）给液压系统打压	

续表

工 作 程 序 Working Procedure	工作者 Perf.By
C. 结束工作 Close Out 1. 检查各个指定位置保险装置安装的状态，避免出现错装、漏装的现象。 2. 清点、检查工具的状态和数量，并将工具归还至指定位置。 3. 清点、检查剩余的耗材，并将其归还至指定位置。 4. 检查、清理工作场地，确保工作场地中没有遗留任何多余物。 5. 签署工卡	
完工签署　　　　　　　　　　　　　　完工日期 　Signature　　　　　　　　　　　　　　　Date	

项目评估单

实作题目：液压油勤务

姓名：　　　　　学号：

工作步骤	评分要素		
	APS（20分）	基本技能（50分）	维修作风（30分）
评估终止项：考生评估过程中出现以下任一情况时，经考评员核实后立即终止评估，评估结论为"不通过"。 1. 未实施"工具三清"，或出现丢失工具的情况。 2. 不按工卡步骤施工、跳步骤施工步骤遗漏。 3. 缺乏"九字方针"意识，违规签署工卡。 4. 出现违反诚信要求，不按实测值、力矩值填写维修记录的情况。 5. 发生严重违反民航维修作风准则的。 6. 缺乏安全意识或出现可能造成航空器/设备损坏、人员受伤的行为			

| | 准备工卡、设备/工具器材：
1. 清点工具，确认工具处于正常状态。
2. 清点耗材，核对耗材的件号和数量。
3. 检查航空器中操作区域，如发现异常状态，尽快向教员如实汇报。
4. 清理工作场地，清除场地中的多余物 | （1）设备、工具器材未准备到位，2分。
（2）未确认工具，设备状态，2分。
（3）未按要求落实工具三清点，3分。
（4）未查看耗材有效期，5分。
（5）未清洁整理接机区域或施工区域残留多余物 | | （1）未按要求穿着工作服或防护鞋，5分。
（2）施工中未按要求实施个人防护，5分。
（3）工具、设备等摆放零乱，3分。
（4）未按照要求检查航空器，2分。
（5）检查异常问题未举手报告，5分 |
| 准备 | 1 | | | |

续表

		操作内容	评分标准
液压油勤务准备	2	1. 给 A、B 和备用液压系统增压。2. 确保襟翼和缝翼处于上位,反推收回,扰流板放下,刹车松开。3. 旋转加油选择活门至对应系统位置。4. 在灌满系统 B 油箱前,确保刹车蓄压器有至少 2 800 psig(19 305 kPa)的压力(液压泵关闭)	(1)未正确完成准备工作,10 分
机载手摇泵加油	3	正确完成机载手摇泵加油	(2)未正确完成机载手摇泵加油,15 分
使用便携式液压车加油	4	正确使用便携式液压车加油	(3)未正确使用便携式液压车加油,10 分
进行放油	5	正确完成放油工作	(4)未正确进行放油,15 分
收尾	6	检查各个指定位置保险装置安装的状态、避免出现错装、漏装的现象	(6)未将实航空器恢复至初始状态,2 分。(7)维修记录填写不规范,2 分。(8)其他违反 APS 相关要求的情况,2 分。(6)未按要求填写实测值,3 分。(7)工具、设备出现掉落,3 分。(8)其他违反维修作风要求的情况,4 分。
	7	清点、检查工具的状态和数量,并将工具归还至指定位置	
	8	清点、检查剩余的耗材,并将其归还至指定位置	

续表

收尾	9	检查、清理工作场地，确保工作场地中没有遗留任何多余物		
	10	签署工卡		
标准工时		20分钟	实际工时	分钟
学生分数		是否通过结论	是 □ 否 □	(1) 未在标准工时内完成，超时 5 分钟以内扣 3 分，超时 5 分钟以上扣 5 分，超时 10 分钟以上强制结束评估。 (2) 考评员提出的其他扣分项。 扣分值：　　　　　原因：
			考评员签字	姓名： 日期：　　　年　　月　　日

项目拓展

模块 5　滑油勤务

模块 5　滑油勤务

教学目标

知识目标

1. 学生了解航空器滑油勤务的方法。
2. 学生能够说出滑油勤务的要点。

技能目标

学生能够规范实施航空器滑油勤务。

滑油勤务微课视频

素养目标

1. 学生要具备"精益求精、严谨专注、耐心坚持、专业敬业"的民航工匠精神。
2. 具备"严谨、专业、诚信"的维修作风。
3. 学生能够做到:"三个敬畏——敬畏生命、敬畏规章、敬畏职责""四个意识——规章意识、风险意识、举手意识、纪律意识""五个到位——准备到位、施工到位、测试到位、收尾到位、交接到位"。
4. 学生能够正确实施"工具三清点",任务实施过程中不出现工具丢失的情况。
5. 学生能按照工卡步骤施工,不出现工卡步骤遗漏的情况,具备"九字方针"意识(看一条、做一条、签一条),诚信记录,按要求签署工卡。
6. 具备安全意识,不做出可能造成航空器/设备损坏,使人员受伤的行为。

任务导入

近年来,各航空公司或维修单位时常会发生发动机滑油系统过量添加导致发动机滑耗远程监控报警、尾喷口渗漏滑油,甚至可能会造成空调系统异味/烟雾和发动机高滑油温度的情况。

知识准备

飞机滑油勤务通常是指对发动机、IDG、APU等系统进行滑油的加注、排放和更换工作。在民航客机中,发动机滑油系统具有十分重要的作用。发动机滑油勤务系统主要用于发动机前后轴承以及齿轮箱的润滑和冷却作用。发动机的滑油储存在滑油箱内,通过供油泵输送给各个部件,作用完的热滑油再在回油泵的作用下,经过滑油、燃油热交换器冷却后,回到滑油箱当中。滑油箱安装于发动机左侧8点钟位置,主要作用是存储滑油。

B737-500发动机滑油箱示意图如图5-1所示。

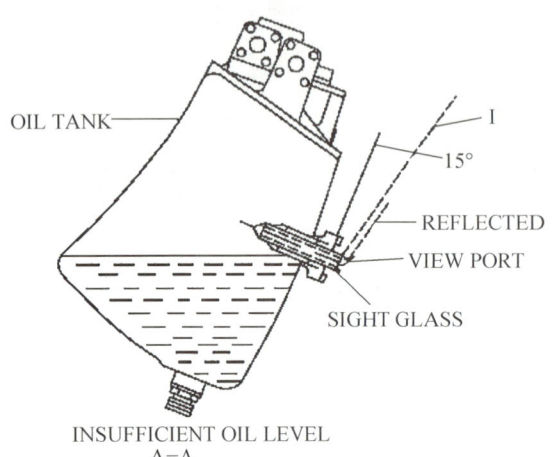 

图 5-1　B737-500 发动机滑油箱示意图

B737-500 发动机滑油勤务盖板位置如表 5-2 所示。

图 5-2　B737-500 发动机滑油勤务盖板位置

B737-500 添加发动机滑油如图 5-3 所示。

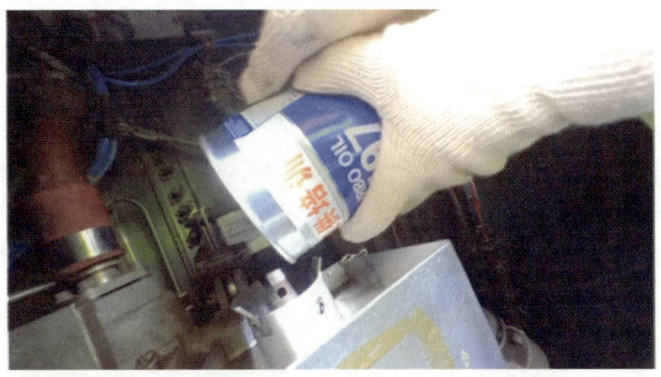

图 5-3　B737-500 添加发动机滑油

IDG（整体驱动发电机）位于发动机风扇段右侧 5 点钟的位置，如图 5-4 所示。安装在附件齿轮箱上。发动机高压转子通过附件齿轮箱驱动。为飞机提供 115 V，400 Hz 三相交流电。

图 5-4　A320 飞机 IDG 位置

IDG 滑油量通过 IDG 上的观察窗读取，在进行 IDG 滑油勤务时波音飞机左右发应分别加到对应的银色指示带处，空客飞机应不能超过黄色指示区域。读取的时候应该平视 IDG 滑油量观察窗口。

波音 737-800IDG 滑油加油口盖如图 5-5 所示。

图 5-5　波音 737-800IDG 滑油加油口盖

波音 737-800IDG 滑油量观察窗如图 5-6 所示。

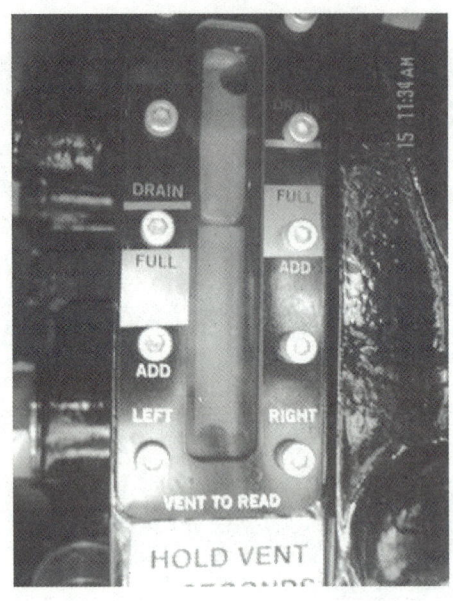

图 5-6　波音 737-800IDG 滑油量观察窗

IDG 滑油勤务需要使用专用的滑油加注小车，IDG 上有一个压力加注口，用于滑油添加。连接 IDG 加油车加油接头到加油接口时应该注意以下要领：

（1）一手抓加油接头外壁顺着加油软管提，一手抓软管对准并推入接口。

（2）放手后如果接头外圈无法自动回位的，施加点力。

（3）轻轻地往外拔软管确保连接到位。

滑油压力加油小车如图 5-7 所示。

图 5-7　滑油压力加油小车

压力小车加油头连接图如图 5-8 所示。

图 5-8　压力小车加油头连接图

安全管理

1. IDG 总滑油量：9 夸脱（本体 6.84 夸脱+外部冷却回路 2.16 夸脱）。
2. IDG 冷却需要一个小时以上，做好防护防止烫伤（热滑油部件或热滑油）。
3. 不要在 IDG 脱开的情况下检查油量。IDG 脱开状况下，油量指示不准确。
4. 滑油过多或滑油不足都会导致 IDG 损坏。
5. 滑油量过多且有燃油味，IDG 滑油冷却器可能漏燃油到滑油回路。
6. 没有按压释压活门，可能导致热滑油溅出（按压时，防止被溅到）。
7. 添加规定的滑油。
8. 加油速度不能太快，特别是快到满线的时候，要防止加油过量（加入 IDG 的滑油流经回油滤并经过散热器进入 IDG，需要时间）。
9. 发动机关车 5 min 以上方可进行操作。

知识整理

模块 5 滑油勤务

项目工单

飞机地面勤务技术基础工单

工卡标题 Title	B737-500 IDG 滑油勤务
工具 Tool	发动机滑油勤务枪（7011）、接油盘、力矩扳手（量程 0~50 磅英寸、0~200 磅英寸各一个）、英制工具箱
耗材 Material	胶手套、毛巾、保险丝、O 型封圈（M83248-1-902、M83248-1-905、M83248-1-906 各一个）、航空器涡轮发动机润滑油

工 作 程 序 Working Procedure	工作者 Perf.By
A．工作准备 Job Set-Up 1. 查找适当手册，找到 B737-500 飞机的 IDG 滑油勤务工作的章节号。 章节号：＿＿＿＿＿＿＿＿＿＿＿＿＿＿＿＿＿＿ 2. 清点工具，确认工具处于正常状态。 3. 清点耗材，核对耗材的件号和数量。 4. 检查航空器中操作区域，如发现异常状态，尽快向教员如实汇报。 5. 清理工作场地，清除场地中的多余物 B．工作步骤 Procedure 1. IDG 滑油量检查。 （1）确保发动机关车至少 5 min。 注意：5 分钟的时间会让滑油量变稳定，当滑油量变稳定后，可以得到正确的滑油量指示。 （2）打开发动机左侧 IDG 勤务盖板。 （3）观察 IDG 上玻璃观察窗内的滑油油量，记录滑油油量。 滑油油量：＿＿＿＿＿＿＿＿＿＿＿＿＿＿＿＿＿＿（ADD、FULL or DRAIN） 备注 1：当油量超过标准范围时，排放 IDG 内的部分滑油。 备注 2：当油量低于标准范围时，添加 IDG 滑油 2. 添加 IDG 滑油。 警示：只允许将经批准的滑油加入发电机驱动。未经批准的滑油会损伤发电机驱动。 不要混用不同牌号的滑油。当混用滑油时，一些滑油的化学性质会改变。这将会损伤发电机驱动。 不要让碱性清洁液或液压油接触发电机驱动滑油，因为仅需少量便会导致滑油的化学性质改变，从而造成发电机驱动损伤。 （1）确认使用正确的 IDG 所用滑油。 注意：如果改变了滑油类型或品牌，联系供应商确认新的滑油不会损伤 IDG	

续表

工 作 程 序 Working Procedure	工作者 Perf.By
注意：如果发现使用了未经批准的滑油加入 IDG，排放滑油。然后使用经批准的滑油冲洗 IDG 滑油系统。改变不同类型经批准的滑油时，要在加入新油之前，排放掉所有保留的滑油。 （2）拆下压力加油活门堵盖。 （3）将勤务接头与压力加油活门相连。 警示：不要使用超过 40PSI 的压力给发电机驱动加滑油，过大的压力会造成发电机驱动损伤。 （4）设置发动机滑油勤务车压力。 警示：不要给发电机驱动加入过多的滑油。过多的滑油将会使发电机驱动过热并且损伤发电机驱动。 如果冷转发动机，就不要再次加滑油。在冷转发动机后，一些滑油将会留在 IDG 油箱内。这将会使玻璃观察窗的滑油量指示过少且不准确。必须使发动机启动来获得准确的滑油量指示。 （5）添加 IDG 滑油。 ① 选择适用于 CFM56-3 发动机的滑油。 注意：可以在 IDG 的花键空腔内找到滑油型号标识。 ② 添加 IDG 滑油直到液面刻度达到玻璃观察窗上标准范围的底部。 注意：当 IDG 变热时，滑油油量将会增加。 ③ 等待 5 分钟。 注意：这段时间将会使滑油油量变得平稳。 （6）观察 IDG 上观察窗内的滑油量。 ① 如果油量低于标准范围底部，添加 IDG 滑油。 ② 如果油量高于标准范围顶部，排放 IDG 内的部分滑油。 （7）从压力加油活门上拆下勤务接头。 （8）安装压力加油活门堵盖。 警示：立刻去除所有滴落在发动机上的滑油。滑油可能会对发动机涂层和橡胶部件造成损伤。 （9）清洁 IDG 上的油迹。 （10）关闭 IDG 勤务盖板	
C. 结束工作 Close Out 1. 检查各个堵头安装的状态，无油液渗漏的现象。 2. 清点、检查工具的状态和数量，并将工具归还至指定位置。 3. 清点、检查剩余的耗材，并将其归还至指定位置。 4. 检查、清理工作场地，确保工作场地中没有遗留任何多余物	
完工签署 Signature	完工日期 Date	

项目评估单

实作题目：IDG 滑油勤务

姓名：　　　　　　　　　　学号：

评估终止项：考生评估过程中出现以下任一情况时，经考评员核实后立即终止评估，评估结论为"不通过"。

1. 未实施"工具三清点"或出现丢失工具的情况。
2. 不按工卡步骤施工，跳步骤施工或步骤遗漏。
3. 缺乏"九字方针"意识，违规签署工卡。
4. 出现违反诚信要求，不按实测值、力矩值填写维修记录的情况。
5. 发生严重违反民航维修作风准则的。
6. 缺乏安全意识或出现可能造成航空器/设备损坏、人员受伤的行为。

	工作步骤	评分要素		
		APS（20分）	基本技能（50分）	维修作风（30分）
准备	准备工卡、设备/工具/器材： 1. 清点工具，确认工具处于正常状态。 2. 清点耗材，核对耗材的件号和数量。 3. 检查航空器中操作区域，如发现异常状态，尽快向教员如实汇报。 4. 清理工作场地，清除场地中的多余物	（1）设备、工具器材未准备到位，2分。 （2）未确认工具、设备状态，2分。 （3）未按要求落实工具三清点，3分。 （4）未查看量具有效期，5分。 （5）未清洁整理接机区域或施工区域残留外来物，2分。		（1）未按要求穿着工作服或防护鞋，5分。 （2）施工中未按要求实施个人防护，5分。 （3）工具、设备等摆放零乱，3分。 （4）未按照要求检查航空器，2分。 （5）检查异常问题未举手报告，5分
1 添加滑油	打开发动机左侧IDG勤务盖板。观察IDG上玻璃观察窗内的滑油量，记录滑油量	（1）未正确观察读取油量，10分		

续表

序号	步骤内容	标准工时	扣分项		
2	确认使用正确的IDG所用滑油	20分钟	(2)未确认所用滑油是否符合要求，5分	(6)未将航空器恢复至初始状态，2分。(7)维修记录填写不规范，2分。(8)其他违反APS相关要求的情况，2分	(6)未按要求填写实测值，3分。(7)工具、设备出现掉落，3分。(8)其他违反维修作风要求的情况，4分
3	拆下压力加油活门堵盖		(3)未拆下压力加油活门堵盖，5分		
4	将勤务接头与压力加油活门相连		(4)压力设置超过40 psi，10分		
5	添加IDG滑油		(5)未按要求添加IDG滑油，10分		
6	从压力加油活门上拆下勤务接头，安装压力加油活门堵盖		(6)未从压力加油活门上拆下勤务接头，安装压力加油活门堵盖，5分		
7	清洁IDG上的油迹，关闭IDG勤务盖板		(7)未清洁油污，盖板未关好，5分		
收尾 1	检查各个指定位置保险装置安装的状态，避免出现错装、漏装的现象				
收尾 2	清点、检查工具的状态和数量，并将工具归还至指定位置				
收尾 3	清点、检查剩余的耗材，并将其归还至指定位置				
收尾 4	检查、清理工作场地，确保工作场地中没有遗留任何多余杂物				
收尾 5	签署工卡				

标准工时　20分钟　　实际工时　　分钟

扣分值：(1)未在标准工时内完成，超时10分钟以上强制结束评估。(2)考评员提出的其他扣分项。

是否通过结论　是□　否□

考评员签字　　　原因：

姓名：

日期：　　年　　月　　日

学生分数

项目拓展

模块 6 放燃油沉淀

模块 6 放燃油沉淀

教学目标

✈ 知识目标

1. 学生了解航空器放燃油沉淀的方法。
2. 学生能够说出放燃油沉淀的要点。

✈ 技能目标

学生能够规范实施航空器放燃油沉淀勤务工作。

放燃油沉淀微课视频

✈ 素养目标

1. 学生要具备"精益求精、严谨专注、耐心坚持、专业敬业"的民航工匠精神。
2. 具备"严谨、专业、诚信"的维修作风。
3. 学生能够做到:"三个敬畏——敬畏生命、敬畏规章、敬畏职责""四个意识——规章意识、风险意识、举手意识、纪律意识""五个到位——准备到位、施工到位、测试到位、收尾到位、交接到位"。
4. 学生能够正确实施"工具三清点",任务实施过程中不出现工具丢失的情况。
5. 学生能按照工卡步骤施工,不出现工卡步骤遗漏的情况,具备"九字方针"意识(看一条、做一条、签一条),诚信记录,按要求签署工卡。
6. 具备安全意识,不做出可能造成航空器/设备损坏,使人员受伤的行为。

任务导入

飞机燃油沉淀排放工作是飞机维修的航前日常工作,目的在于排除油箱内部积水,预防微生物滋生,该工作是否到位关系到飞机运行安全。然而,燃油沉淀排放活门常因工作者操作不当和放油工具设计不合理等原因导致其出现渗漏故障,从而影响飞机的正常运行。

知识准备

燃油沉淀物:指燃油中的水、冰晶、微生物或其他杂质。通常情况下,燃油中的水以沉淀于燃油下的水层或悬浮于燃油中的水滴的形式存在,冰晶显出阴暗浑浊的状态,微生物则是呈粉红色。

燃油中的水和冰晶沉积在油箱中聚集起来后,水和燃油的交界处容易滋生微生物。燃油中的微生物能腐蚀油箱结构,造成油箱漏油或者对整体油箱的飞机大翼结构造成腐蚀。也能随燃油进入发动机,对发动机造成危害。

定期对燃油箱放沉淀,可以防止燃油箱内积存水分、杂质和生长的微生物。应根据航空器制造厂家推荐的时间间隔和营运人自身运行情况,确定航空器的放沉淀间隔。

工作规范

1. 确保航空器燃油中的水分充分沉淀后,再放沉淀,例如:737-800 型需要停放 4 小时。
2. 排放规定容量的燃油后,使用清洁的油样瓶从燃油箱取油样。
3. 目视检查油样,确保燃油清洁、透明。燃油中有水分的表现为油液有一层沉淀物或小水泡,有微生物、冰晶等杂质的表现为燃油浑浊。
4. 若水分检查结果不符合要求,应继续放燃油沉淀,进行油样检查,直至油样符合要求。如油样仍无法满足要求,需报告。
5. 若发现航空器燃油中有外来物、微生物或变色等异常现象,应依据维修手册执行后续工作。
6. 油样检查合格后,封存备查。

工作示例

以波音 737-500 型飞机为例,实际维修工作应严格遵守维修手册中及设备制造厂家使用说明的相关要求。维修手册示意图如图 6-1 所示。

1. 准备

(1) 接收维修任务。

领取或打印维修工作单卡:AMM12-11-00-680-801。

TASK 12-11-00-680-801

8. Fuel System Sumping

(Figure 303, Figure 304)

A. General

(1) You must not permit the fuel tanks to collect too much water. Do the procedure to drain the sumps drain valves for each tank regularly if conditions cause fuel tanks to collect water.

(2) There are five sump drain valves in total, installed on the airplane. There is one sump drain valve installed in the center fuel tank, one in each main fuel tank and one in each surge tank. The best airplane attitude to drain the sumps is a pitch of 1.14 degree nose-down and a roll of zero degrees.

(3) FOR THE SUMP DRAIN VALVES INSTALLED IN THE CENTER, NO. 1 AND NO. 2 FUEL TANKS:

It is recommended to drain the fuel tank sumps regularly to remove water from the fuel tanks. Each fuel tank sump has a sump drain valve to permit you to drain water from the tank. The fuel tank sumps should be drained before or after refueling, but not during refueling. You must permit the water to go to the bottom of the tanks before you drain the sumps. During refueling, water mixes in the fuel. In cold weather the water can freeze and prevent the sump drain valve from opening. You must melt the ice with heat around the sump to open the valve. You can also use an approved anti-ice additive that you can add to the fuel. For example, you can add Phillips PFA 55MB in a maximum concentration of 0.1 % by volume. For cold weather maintenance, refer to Cold Weather Maintenance Procedure, TASK 12-33-01-600-802.

NOTE: Wait for a sufficient time to permit the water in the fuel to move to the bottom of the fuel tank. Water sinks in fuel at the rate of approximately one foot per hour.

图 6-1 维修手册示意图

---

(2) 领用工具、设备、器材。

包括:放油专用工具(见图 6-2)、空油桶(专用的盛油容器,如塑料桶)、抹布、油样瓶、手套、手电(按需)、封条。

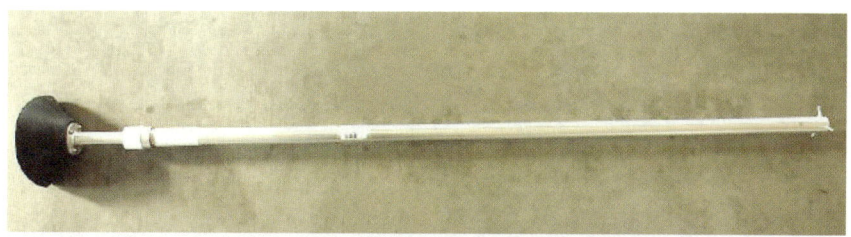

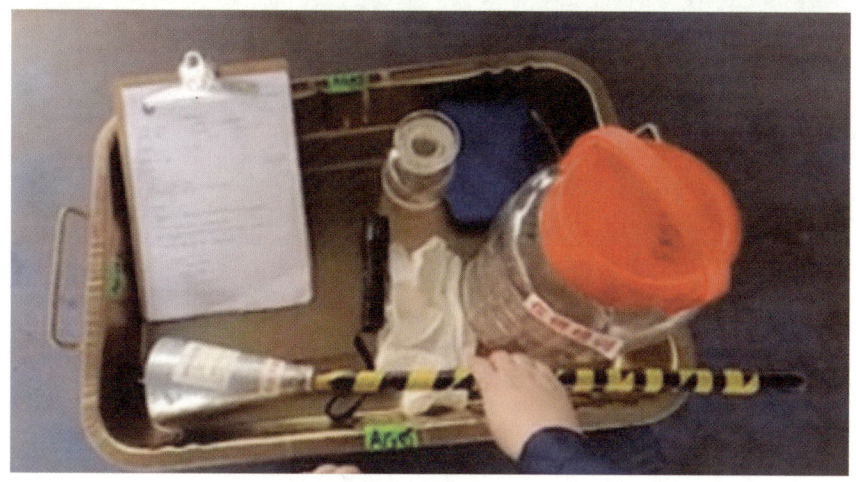

图 6-2　放油工具

2. 操作

（1）清洁放油杆、放油活门和活门附近蒙皮。

（2）按规定分别排放左、右主油箱和中央油箱，放中央油箱沉淀时需打开机腹下方的中央油箱放油盖板接近放油活门。

（3）接油桶摆放到放油活门下方，放油杆末端插入油桶中，放油杆的顶部对准放油活门的顶升阀。

燃油箱放油口如图 6-3 所示。

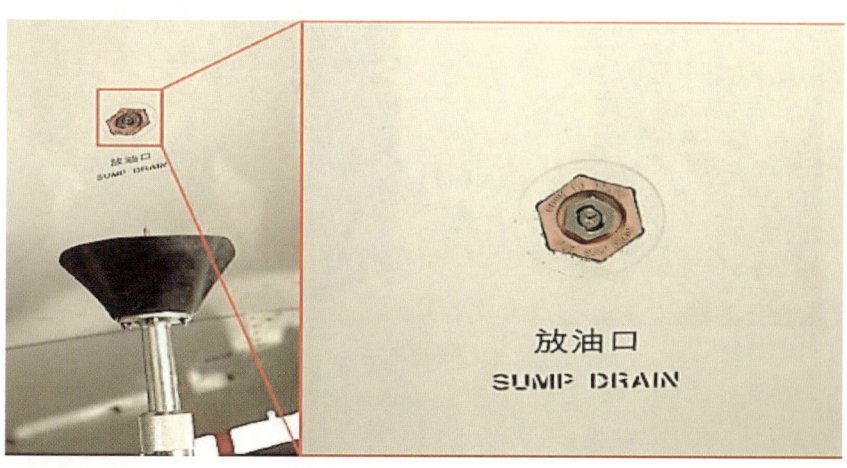

图 6-3 燃油箱放油口

（4）向上推放油杆，顶开放油活门，放出约 2 L 燃油。

（5）从燃油箱中放出约 2/3 瓶（油样瓶）燃油。

（6）若油样瓶内有污染物，清洁油样瓶后再收集油样。

（7）旋转、晃动油样瓶，观察瓶中燃油是否有杂质、水分。

（8）如果发现油样瓶中有水分或杂质，重复上述步骤直至油样满足标准要求，如油样仍无法满足要求，需报告。

（9）在油样瓶上标记机号、日期等，将油样封存。

（10）确保放油活门复位，用抹布将放油活门附近擦拭干净，并确认没有燃油渗漏。

油样瓶和油样如图 6-4 所示。

油样底部的水分

图 6-4 油样瓶和油样

3．收尾

（1）工作收尾。

① 清点工具。

② 恢复工作现场。
③ 确保维修工作单卡、飞行记录本等维修记录已完成签署。
（2）归还工具设备。
（3）将维修工作单卡等维修记录反馈给相关部门。

知识整理

项目工单

飞机地面勤务技术基础工单

工卡标题 Title	B737-500 飞机放燃油沉淀	
工具 Tool	专用捅针、燃油取样瓶、抹布	
耗材 Material	护目镜、胶手套	
工 作 程 序 Working Procedure		工作者 Perf.By

工 作 程 序 Working Procedure	工作者 Perf.By
A. 工作准备 Job Set-Up 1. 清点工具，确认工具处于正常状态。 2. 清点耗材，核对耗材的件号和数量。 3. 检查航空器中操作区域，如发现异常状态，尽快向教员如实汇报。 4. 清理工作场地，清除场地中的多余物	
B. 工作步骤 Procedure 1. 安全防护准备。 警告：在整个燃油系统勤务过程中，灭火设备必须始终在位并处于可用状态。为防止接地线的偶然脱落，从飞机上的系留环到地面接地桩应使用两根接地线。除有特定工作外，应确定电门开关在关位。 （1）确定灭火设备在位。 （2）禁止穿着能产生静电的服装，例如尼龙或合成纤维制成的衣物。 （3）禁止穿钉有金属片的鞋子。 （4）飞机应停放在指定的专用加油/放油区。 2. 放燃油沉淀。 （1）确保燃油中的水分充分沉淀后，再放沉淀，即加油后停放 1 小时。 （2）使用一个油样杯顶开放油活门，排放规定容量的燃油。 警告：燃油防冰添加剂含有一种名称为 DiEGME 的化学物质，注意这种物质对人体有害，如果不慎吸入、吞食或经皮肤被身体吸收，将导致眼睛刺疼和皮肤发炎。 （3）如果不能正常操作放油活门排放燃油，可能是放油活门失效，参考 AMM 28-20-00 Page201 拆下放油活门，检查并更换。 （4）排放规定容量的燃油后，使用清洁的油样瓶从燃油箱取油样。 （5）目视检查油样，确保燃油清洁、透明。燃油中有水分表现为油液有一层沉淀物或小水泡，微生物、冰晶等杂质表现为燃油浑浊	

续表

工 作 程 序 Working Procedure	工作者 Perf.By
（6）若水分检查结果不符合要求，应继续放燃油沉淀、进行油样检查，直至油样符合要求。如油样仍无法满足要求，需报告。 （7）若发现航空器燃油中有外来物、微生物或变色等异常现象，应报告工程技术部门。 （8）油样检查合格后，在油样瓶上标记机号、日期等，将油样封存，封存备查。 （9）确保放油活门复位，用抹布将放油活门附近擦拭干净，并没有燃油渗漏	
C.结束工作 Close Out 1. 检查各个指定位置保险装置安装的状态，避免出现错装、漏装的现象。 2. 清点、检查工具的状态和数量，并将工具归还至指定位置。 3. 清点、检查剩余的耗材，并将其归还至指定位置。 4. 检查、清理工作场地，确保工作场地中没有遗留任何多余物。 5. 签署工卡	
完工签署 Signature		完工日期 Date	

模块6 放燃油沉淀

实作题目：航前勤务（B737-500 飞机放燃油沉淀）

姓名：　　　　　　　　　学号：

评估终止项：考生评估过程中出现以下任一情况时，经考评员核实后立即终止评估，评估结论为"不通过"。

1. 未实施"工具三清点"或出现丢失工具的情况。
2. 不按工卡步骤施工，跳步骤或施工步骤遗漏。
3. 缺乏"九字方针"意识，违规签署工卡。
4. 出现违反诚信要求、不按实测值、力矩值填写维修记录的情况。
5. 发生严重违反民航维修作风准则的。
6. 缺乏安全意识或出现可能造成航空器/设备损坏、人员受伤的行为。

工作步骤	评分要素		
	APS（20分）	基本技能（50分）	维修作风（30分）
准备 1 准备工卡、设备/工具器材： 1. 清点工具，确认工具处于正常状态。 2. 清点耗材，核对耗材的件号和数量。 3. 检查航空器中操作区域，如发现异常状态，尽快向教员如实汇报。 4. 清理工作场地，清除场地中的多余物	（1）设备、工具器材未准备到位，2分。 （2）未确认工具、设备状态，2分。 （3）未按要求落实工具三清点，3分。 （4）未查看量具有效期，2分。 （5）未清洁整理接机区域或施工区域残留外来物，2分		（1）未按要求穿着工作服或防护鞋，5分。 （2）施工中未按要求实施个人防护，5分。 （3）工具、设备等摆放零乱，3分。 （4）未按照要求检查航空器，2分。 （5）检查异常问题未举手报告，5分。

续表

		内容	标准	扣分标准
排油操作	2	先清洁，再排油，排油操作正确且无撒落		（1）未清洁，5分。 （2）排油操作错误，10分。 （3）燃油洒落在外，5分。 （4）取油样不正确，10分。 （5）目视检查不正确，5分。 （6）油样封存不正确，5分。 （7）放油活门复位不正确，5分。 （8）未清洁、未检查，5分。 （6）未按要求填写实测值，3分。 （7）工具、设备出现掉落，3分。 （8）其他违反维修作风要求的情况，4分。
取油样	3	取油样正确		
目视检查	4	目视检查正确		
油样封存	5	油样封存正确		
复位检查	6	放油活门复位并擦拭，检查无渗漏		
收尾	7	清点工具		
	8	恢复工作现场		
	9	归还工具设备		
	10	签署工卡		
标准工时		20分钟	实际工时 分钟	（1）未在标准工时内完成，超时10分钟以上强制结束评估。超时5分钟以内扣3分，超时5分钟以上扣5分。 （2）考评员提出的其他扣分项。
学生分数			是否通过结论 是 □ 否 □	扣分值： 原因： 考评员签字 姓名： 日期： 年 月 日

项目拓展

模块 7　推拖飞机

模块 7 推拖飞机

教学目标

知识目标

1. 学生了解推拖飞机中各角色的分工。
2. 学生了解推拖飞机各环节的注意事项。

推拖飞机微课视频

技能目标

1. 学生能够掌握航空器维修中的牵引工作。
2. 学生能够在实际航空器牵引工作中与通信员联络并作出正确手势。

素养目标

1. 学生要具备"精益求精、严谨专注、耐心坚持、专业敬业"的民航工匠精神。
2. 具备"严谨、专业、诚信"的维修作风。
3. 学生能够做到:"三个敬畏——敬畏生命、敬畏规章、敬畏职责""四个意识——规章意识、风险意识、举手意识、纪律意识""五个到位——准备到位、施工到位、测试到位、收尾到位、交接到位"。
4. 学生能够正确实施"工具三清点",任务实施过程中不出现工具丢失的情况。
5. 学生能按照工卡步骤施工,不出现工卡步骤遗漏的情况,具备"九字方针"意识(看一条、做一条、签一条),诚信记录,按要求签署工卡。
6. 具备安全意识,不做出可能造成航空器/设备损坏,使人员受伤的行为。

任务导入

相关案例:

案例 1:某工作者在推出 B-737NG 飞机时,没有插该机型专用转弯旁通销,而是随手将手中的一把十字解刀插入销孔,在飞机推出转弯过程中,整个牵引杆头部与牵引杆断开,导致飞机失去控制,幸好机组及时发现并采取措施,否则满载旅客的飞机将滑入草坪。

案例 2:某工作人员在推拖飞机时投机取巧,只撤走机轮前方的轮挡,将机轮后方的轮挡自然留在原地。在一次牵引飞机的工作中,由于误解了运动方向而取走了机轮后方的轮挡,导致推飞机时前起落架受力过大,牵引杆受损。

知识准备

推拖飞机是机务从业者每天都要进行的例行工作。但是近年来,由于推拖飞机工作程序操作不当的情况屡屡出现,导致安全事故频发。

推拖飞机过程中通常至少需要四名工作人员，分别是指挥员、机上人员、监护人员、拖车司机。

1. 各个工作人员的具体工作职责

（1）指挥员：负责现场的统一指挥。

① 指挥员应熟悉牵引（推出）飞机的程序，遵守机场的特殊规定，随时与机上人员和牵引车驾驶员保持联系，确定牵引（推出）飞机的路线。

② 负责指挥牵引车司机开动牵引车或停车，指挥飞机上人员松刹车和使用刹车。

③ 指挥员在牵引飞机的过程中应随时观察周围是否有障碍物、牵引杆连接是否正常。在遇有紧急（危险）情况时应及时通知飞机上的人员和牵引车司机使用刹车停住飞机。

④ 指挥信号应简单、明确，指挥语言应简洁、清楚、准确，应使用南航运行手册中规定的标准指挥手势和工具。

（2）机上人员：

① 在正常牵引过程中按照指挥员的口令松刹车或刹车，并一直坐在机长的位置上。

② 检查起落架操纵手柄是否在"放下"（DOWN）位，绿色的起落架信号灯是否亮起，并根据飞机的型号，打开至少一个窗户。

③ 确保液压刹车系统的压力已上升到正常刹车操作和紧急刹车操作所要求的最低水平。

④ 通过甚高频（VHF）无线电确保与机场控制塔保持联系。

⑤ 除非出现紧急（危险）情况（如牵引杆断开），不应擅自使用刹车停住飞机。在牵引飞机的过程中必须始终与指挥员保持联络。

（3）监护人员：

① 负责观察飞机的有关部位与障碍物的距离，保证飞机安全通过障碍物。

② 监护人员在紧急（危险）情况时可使用有效的联络方法立即通知牵引车司机停止牵引飞机。

③ 在停机坪、维修坪飞机停放区域牵引飞机时必须有监护人员。

④ 监护人员的数量和位置，应根据飞机的牵引路线、区域复杂程度、能见度、飞机停放密度等情况，由当班工段长（或以上领导）决定。其中，在指定区域内牵引飞机和停靠时，在飞机尾部、两翼尖附近应有监护人员并行监护飞机。

（4）牵引车司机：

① 负责驾驶牵引车按规定路线及地面标志牵引飞机，正常情况下应稳步启动和缓慢减速。

② 牵引车司机必须听从指挥员的指挥，将飞机牵引（推）至指定的位置和方向，并始终与指挥员保持有效的联络 。

③ 牵引车司机在认为对飞机安全有影响时，可自行停止牵引飞机，与指挥员联络后再行牵引。紧急（危险）情况下，应根据实际情况及时使用刹车停止牵引或迅速驾驶牵引车远离飞机，同时，应立即报告指挥员通知或直接通知机上人员刹车。

2. 推拖飞机过程中的通信联络与手势

（1）联络要求：

① 指挥员、牵引车司机、机上人员和监护人员之间的联络手势应简单、明确，联络语言

应该简洁、清楚、准确。

② 拖飞机之前，机上的人员、机下人员和牵引车司机必须做清楚的沟通，对拖行线路、方向、目的地、滑行灯、转弯道口等都要明确，方可以拖动飞机。如果任何一方没有参与沟通，没有清楚各方的所有细节要求，都不能执行拖行任务。

③ 指挥员与机上人员之间应使用飞机内话系统或其他有效方法进行联络；维修人员与牵引车司机应使用对讲机和其他有效方法进行联络；牵引过程中，必要时，机上人员应随时与塔台保持有效的联络。

④ 指挥员应与牵引车、牵引杆、前起落架间保持至少 3 m 的距离。

⑤ 联络中断时，应停止牵引飞机，直至恢复联络为止。

（2）联络方式。

飞机内话系统、对讲机、其他有效方法（如手势）。

（3）联络手势。

联络手势如表 7-1 所示。

表 7-1　联络手势

手势	图示
手势一： 当维护人员做好牵引飞机准备时，伸出右手，四指握拳，大拇指朝上，向牵引车司机示意已准备好推飞机，如右图所示。做出此手势后，应立即接着完成手势二	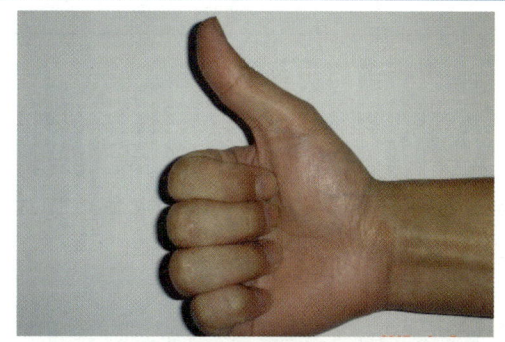
手势二： 当维护人员示意可以推飞机时，伸出手臂，手掌自然伸出，手指并拢，手指的方向指示拖车运动方向，如图向牵引车司机示意将飞机朝手指的方向推出，如右图所示（如果要向前推动飞机，则手指指向前进的方向；如果要向后拖动飞机，则手指指向后退的方向）	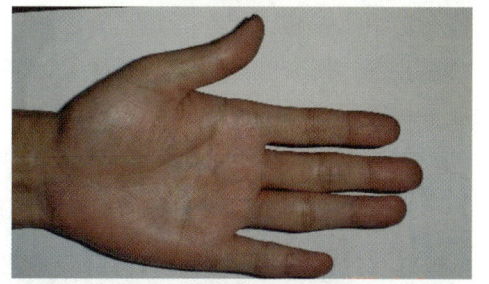
手势三： 在推飞机的过程中，当需要降低拖车推动飞机的速度时，维护人员伸出手心，手指自然向前，掌心向下，手掌上下往复运动，向牵引车司机示意将飞机减速，如右图所示	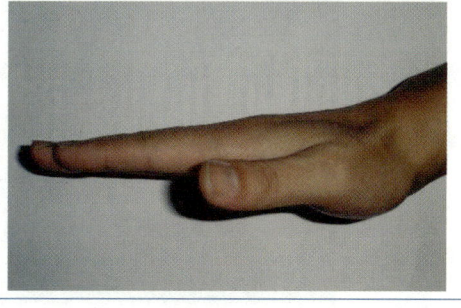

续表

手势四： 在推飞机的过程中，当需要拖车立即刹车时，维护人员伸出手掌，手指向上并拢，手心朝向司机，向牵引车司机示意将飞机立即止动，如右图所示	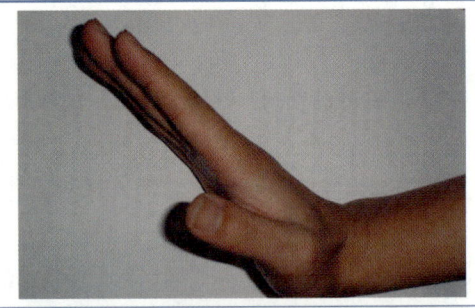
手势五： 当飞机推到可以滑出或指定位置时，伸出右手，四指握拳，大拇指朝上，如图向牵引车司机示意将飞机慢慢止动，如右图所示（注：与手势一相同）	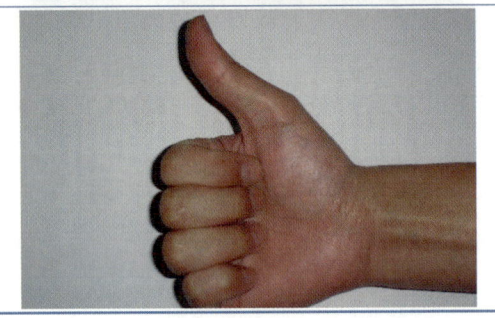

3. 引杆的使用及说明

牵引杆俗称拖把，它是连接拖车和飞机的中介，拖把是力传递的载体，两端都有安全装置，对飞机起防冲击和过载的作用。与飞机连接的端头上，剪切销有两种，功用分别是防止轴向和侧向过载。拖把与飞机的连接主要有两种：挂钩式连接和轮轴式连接。日常中我们多用挂钩式连接。

牵引杆的组成有六部分，分别是与前起落架连接的头部，与拖车连接的端部，用于运输牵引杆的拖拽轮，用于升降拖拽轮的升降机构（极少数牵引杆无拖拽轮升降机构），安全销、剪切销和锁销。各部分的作用如下：

（1）头部，用来连接前起落架内筒，将牵引杆的推力、拉力和扭力传递给前起落架并通过前起落架传递给飞机，如图7-1所示。

图 7-1　B737-500 拖把头部

(2)端部,用来连接拖车,只能传递力,如图 7-2 所示。

图 7-2　B737-500 拖把端部

(3)拖拽轮,用于移动牵引杆、调整牵引杆姿态位置,如图 7-3 所示。

图 7-3　B737-500 拖把拖拽轮

(4)拖拽轮升降机构,用于升降拖拽轮,在需要时使其正常工作,在不需要拖拽轮时,使其不妨碍其他部位正常工作,如图 7-4 所示。

图 7-4　B737-500 拖把拖拽轮升降机构

（5）安全销、剪切销，限制传递给飞机的推力、拉力和扭矩，如图7-5所示。

图7-5　B737-500拖把剪切销

（6）锁销，确保飞机与牵引杆可靠连接，如图7-6所示。

图7-6　B737-500拖把锁销

安全管理

（1）牵引飞机前，指挥员需检查并确保适用该飞机的牵引杆的关键部件，如剪切销、锁定机构、主要的受力件，确保检查外观后无缺陷损伤，功能正常可用，检查完成后才可以将牵引杆连接到飞机上。

（2）将牵引杆连接飞机前，维护人员需确保飞机前轮转弯销已插好。

（3）挂牵引杆时，牵引车司机应先确认飞机周围没有任何障碍物，并在维修人员的指挥下，以低速挡接近牵引杆，避免发生碰撞。

（4）维修人员在将牵引杆连接到拖车时，要注意将连接插销轻拿轻放，以免插销止动装置弹起伤人。

（5）完成飞机的牵引后，维修人员将牵引杆从飞机上取下，并将其挂到牵引车上，牵引杆由牵引车拖回摆放至规定的位置。

（6）拖把脱开牵引车前，要将拖把支撑轮摇下来，直到着地。除了能消除冲击力之外，还有利于拖车和拖把连接插销的拔出。

（7）没有插转弯销推飞机，轻则会使拖把副剪切销切断，重则会伤及飞机结构；过早拔转弯销，前轮会自动回中，带着拖把扫过来，伤及周围人员。

知识整理

项目工单

飞机地面勤务技术基础工单

工卡标题 Title	推拖飞机
工具 Tool	耳机、指挥棒、转弯旁通销、牵引车、牵引杆
耗材 Material	手套、抹布、手电（按需）

工 作 程 序 Working Procedure	工作者 Perf.By
A. 工作准备 Job Set-Up 1. 清点工具，确认工具处于正常状态。 2. 清点耗材，核对耗材的件号和数量。 3. 检查航空器中操作区域，如发现异常状态，尽快向教员如实汇报。 4. 清理工作场地，清除场地中的多余物	
B. 工作步骤 Procedure 1. 离港前检查。 （1）确保停机位周围区域无 FOD，地面设备已撤离。 （2）确保舱门及盖板已关闭（外部电源和耳机盖板除外）。 （3）确保耳机工作正常 2. 开始牵引离港。 航空器的防撞灯亮起，表示机组人员已经获得塔台的离港指令，可以离港。 （1）插上前起落架转弯旁通销。 （2）通过内话系统，与机组联络，确认航空器的刹车已设置。 （3）连接牵引车。 （4）撤轮挡。 （5）监护员撤轮挡后确认机位符合推出条件，给出"准备好移动航空器"手势。 （6）指挥员与机组人员通话，确认准备就绪，通知机组松刹车，并询问推出方向。 （7）向牵引车驾驶员给出"释放车辆刹车"和"推出"手势，并示意推出方向。 （8）根据机组要求完成发动机起动监控。 （9）航空器移动期间，监护员应明显摆臂向指挥员持续发出"可继续作业"的信号。 注意：牵引车和航空器之间连接断开，必须立即通知机组人员和牵引车驾驶员刹车。 警告：航空器移动期间，地面指挥人员应与航空器保持一定的安全距离，并且随时监控周围环境。 （10）航空器推出完成后，指挥员向牵引车驾驶员给出"刹车"手势。	

续表

（11）确认牵引车及航空器停稳后，通知机组人员"设置刹车"。 （12）断开牵引车连接。 （13）移除转弯旁通销，拔出耳机，关闭外部电源和耳机盖板。 （14）站在安全区域，给出"就绪"手势，并且展示转向旁通销。 （15）在机组人员给出（就绪）手势后，回应"引导结束"	
C. 结束工作 1. 工作收尾。 （1）清点工具。 （2）恢复工作现场。 2. 归还工具设备	

完工签署 Signature		完工日期 Date	

实作题目：推拖飞机

姓名：　　　　　　　　　　学号：

	工作步骤	评分要素		
		APS（20分）	基本技能（50分）	维修作风（30分）
	评估终止项：考生评估过程中出现以下任一情况时，经考评员核实后立即终止评估，评估结论为"不通过"。 1. 未实施"工具三清点"或出现丢失工具的情况。 2. 不按工卡步骤施工，跳步骤或施工步骤遗漏。 3. 缺乏"九字方针"意识，违规签署工卡。 4. 出现违反诚信要求，不按实测值、力矩值填写维修记录的情况。 5. 发生严重违反民航维修作风准则的。 6. 缺乏安全意识或出现可能造成航空器/设备损坏、人员受伤的行为			
准备 1	准备工卡、设备/工具/器材： 1. 清点工具，确认工具处于正常状态。 2. 清点耗材，核对耗材的件号和数量。 3. 检查航空器操作区域，如发现异常状态，尽快向教员如实汇报。 4. 清理工作场地，清除场地中的多余物		（1）设备、工具器材未准备到位，2分。 （2）未确认工具、设备状态，2分。 （3）未按要求落实工具三清点，3分。 （4）未查看量具有效期，5分。 （5）未清洁整理接机区域或施工区域残留外来物，2分。	
前起落架推拖飞机 2	将需要设置在机翼、机尾、牵引车驾驶员和地面人员就位，使其能相互观察到。确保驾驶员、地面人员和牵引车操作员都在对讲机内沟通		（1）工作人员未站在正确位置，5分	（1）未按要求穿着工作服或防护鞋，5分。 （2）施工中未按要求实施个人防护，5分。 （3）工具、设备等摆放零乱，3分。 （4）未按照要求检查航空器，2分。 （5）检查异常问题未举手报告，5分。

续表

		序号	内容	评分标准
推拖飞机	前起落架	3	将COM-1500牵引杆连接到牵引车和飞机上	(2)未正确连接拖把，10分
		4	缓慢向前拖行飞机	(3)未正确缓慢向前拖行飞机，5分
		5	在拖行结束时，将每一个起落架的一个主轮上设置前后轮挡。轮挡应该距离轮胎大约2英寸（51 mm）至4英寸（102 mm）	(4)拖行结束，未正确设置轮挡，10分
		6	断开牵引杆COM-1500（如果已安装）	(5)未正确断开拖把，10分
收尾		7	作业区域整理清洁	(6)未将航空器恢复至初始状态，2分。 (7)维修记录填写不规范，2分。 (8)其他违反APS相关要求的情况，2分
		8	设施、设备归还到位	
		9	构型要恢复正常	
		10	落实三清点	
		11	维修记录签署完成	
标准工时			30分钟	实际工时　　分钟	(1)未在标准工时内完成，超时5分钟以内扣3分，超时5分钟以上扣5分，超时10分钟以上强制结束评估。 (2)考评员提出的其他扣分项
学生分数			是否通过结论	是 □　否 □	扣分值： 原因： 考评员签字　　姓名： 日期：　　年　月　日

(6)未按要求填写实测值，3分。
(7)工具、设备出现掉落，3分。
(8)其他违反维修作风要求的情况，4分

项目拓展

模块 8　地面电源供电

模块 8 地面电源供电

教学目标

✈ 知识目标

1. 学生了解地面电源设备的使用方法。
2. 学生清楚地面电源使用的注意事项。

✈ 技能目标

1. 学生能够规范使用地面电源。
2. 学生能够在实际工作中应用地面电源给飞机供电。

地面电源供应微课视频

地面电源供应实训微课视频

✈ 素养目标

1. 学生要具备"精益求精、严谨专注、耐心坚持、专业敬业"的民航工匠精神。
2. 具备"严谨、专业、诚信"的维修作风。
3. 学生能够做到："三个敬畏——敬畏生命、敬畏规章、敬畏职责""四个意识——规章意识、风险意识、举手意识、纪律意识""五个到位——准备到位、施工到位、测试到位、收尾到位、交接到位"。
4. 学生能够正确实施"工具三清点",任务实施过程中不出现工具丢失的情况。
5. 学生能按照工卡步骤施工,不出现工卡步骤遗漏的情况,具备"九字方针"意识（看一条、做一条、签一条）,诚信记录,按要求签署工卡。
6. 具备安全意识,不做出可能造成航空器/设备损坏,使人员受伤的行为。

任务导入

在飞机地面工作期间的大部分时间都需要电源。地面电源的常用标准是三相 400 Hz 115 V AC,它与飞机发电机提供的电源相同。在有些场合（多数在主航空港场合）,靠近飞机入口处的电气转换装置提供从国家电网转换和取得的三相 115 V 交流电功率。

知识准备

航空器停场时需要地面电源设备为其供电。地面电源设备主要分为交流电源设备和直流电源设备两种。本章我们主要介绍交流电源设备的相关内容。

地面交流电源又分为移动式和固定式两种。固定式电源主要有地井电源和廊桥电源两种,移动式电源主要是指地面电源车。

廊桥电源图片如图 8-1 所示。

图 8-1　廊桥电源图片

地面电源车图片如图 8-2 所示。

图 8-2　地面电源车图片

电源车为航空器提供外部电源,当飞机在地面关闭 APU 时,为飞机提供交流供电。电源车一般在航后时使用,同时公司为节约成本,要求时间超过 70 min 的过站需要关闭 APU 用电源车为飞机供电。

飞机电源面板介绍:737NG 外部电源插座有六个插销,三个插销用于交流电每一相(插销 A、B、C),一个插销用于地面(插销 N),两个短插销用于 BPCU 内部锁逻辑(插销 E、F)。737NG 外接电源面板图如图 8-3 所示。

模块 8　地面电源供电

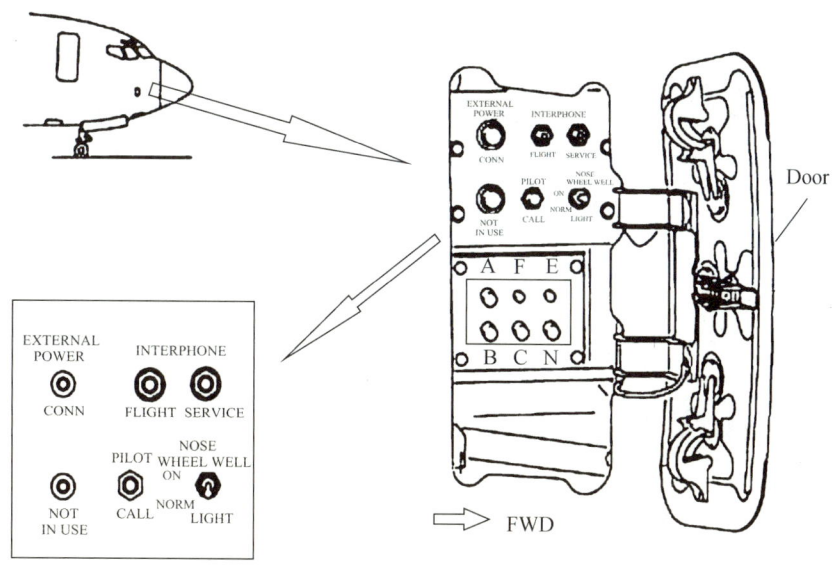

图 8-3　737NG 外接电源面板图

安全管理

1. 检查确认电源车轮挡挡好。
2. 检查电源车插头是否完好，插头插孔是否堵塞。如果检查发现电源车电源线插头接触不良，或者插头松动，需要重新插紧电源线插头。
3. 检查电源线绝缘层是否完好，防止绝缘层破损引起漏电以及短路。
4. 检查电源车车顶频闪灯（琥珀色）是否打开。
5. 风雨天，接、撤电源线缆时应注意防风防雨。

知识整理

飞机勤务技术基础工单

工卡标题 Title	B737-500 飞机地面电源使用	
工具 Tool	反光背心	
耗材 Material	线手套	
工 作 程 序 Working Procedure		工作者 Perf.By
A．工作准备 Job Set-Up 1．清点工具，确认工具处于正常状态。 2．清点耗材，核对耗材的件号和数量。 3．检查航空器中操作区域，如发现异常状态，尽快向教员如实汇报。 4．清理工作场地，清除场地中的多余物		
B．工作步骤 Procedure 1．启用地面电源设备（见所附参考图）。 警告：开启电源前，所有接至仪器的保护接地端子、延长线及装置必须连接至保护接地，任何保护接地的中断将导致潜在电击的危险存在，可能造成人员受到伤害。 （1）使用前应了解该工卡的工作步骤，使用中发现电源供给异常要立即向考官报告。 （2）检查并确认地面电源上所需设备和导线（输入、输出导线）的插头接触完好无损。 （3）打开飞机地面电源接头插座盖板（P19 面板）并将与地面电源上的输出导线插头连接在飞机上，并检查确认插头与插座安装牢固，接触平稳，工作可靠。 （4）将控制电源输入的空开打开，此时电源的输入接通，电源进行自检，如果没有检测出故障，电源自动进入待机状态，显示屏显示"交流等待使用"（如检测出故障，红色报警灯常亮，显示屏将显示报警信息）。 （5）启动交流电源：当按下"启动 START1"按钮后，电源进入自检状态，自检无任何错误后，电源进入交流输出状态，并且相应的输出接触器开始工作，相应启动灯点亮。如果联锁供电信号正常，则电源将持续输出；如果没有联锁供电信号（且联锁供电功能没有被旁路时），电源将中断输出，显示屏将显示出联锁供电丢失的报警信息。 （6）检查显示屏上的电源电压应为 115 V，频率应为 400 Hz。（见后面表中参考图）。 （7）确认 P19 面板上的"外部电源控制（EXTERNAL POWER CONN）"灯点亮，确认 P19 面板上的"未使用（NOT IN USE）"灯点亮		

续表

工 作 程 序 Working Procedure	工作者 Perf.By
2. 接通电源。 （1）打开飞机驾驶 P5 板上电瓶 DC 直流电瓶开关，电压不得低于 24 V（正常为 26 V）。 （2）接通地面电源。检查 P5 板上地面电源可用信号灯亮（蓝色），打开地面电源电门，飞机供电系统进入地面电源供电。 3. 关闭机上电源。 （1）将 P5 板上的地面电源电门关闭后再关闭机上 P5 板上的飞机直流电瓶开关。 （2）确认 P19 面板上的"未使用（NOT IN USE）"灯点亮。 4. 对地面电源断电。 警告：飞机上地面电源开关断开后，并不能切断电源设备的供电，在拆除输入电源线之前务必切断电源的外部供电。 （1）检查飞机地面电源盖板内的未使用（NOT IN USE）灯和外部电源控制（EXTERNAL POWER CONN）灯光熄灭。 （2）按下地面电源设备的"停止 STOP1"按钮，断开相应的输出接触器，交流电源停止运行，显示屏显示"交流等待使用"。 （3）拆除地面电源与飞机连接的导线插头，并盖上电源插头座处的盖板。 （4）关机：将控制电源输入的空开断开，此时电源的输入断开，电源关闭。 警告：电源开关断开后，并不能切断电源设备的供电，在拆除输入电源线之前务必切断电源的外部供电。 5. 操作结束后的检查和场地恢复 （1）电源电缆要收回放到架子上，电源设备盖上布罩。 （2）检查、清理工作场地，确保工作场地中没有遗留任何多余物	
C. 结束工作 Close Out （1）清点工具，量具，耗材等。 （2）清理工作现场。 （3）归还工具设备。 （4）签署工卡	
完工签署 Signature		完工日期 Date	

续表

参考图

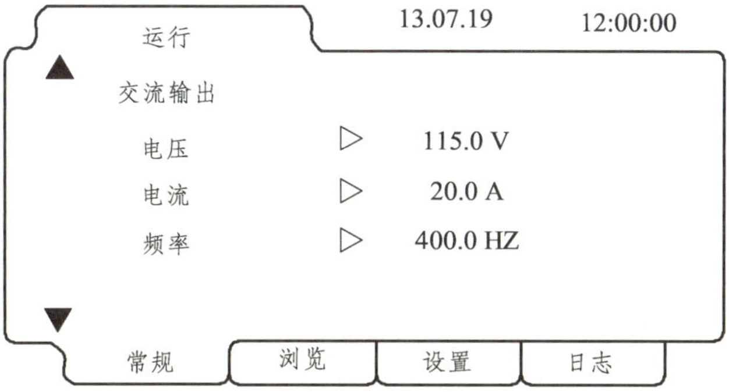

```
┌─────────────────────────────────────┐
│  运行           13.07.19   12:00:00 │
│ ▲                                   │
│   交流输出                           │
│   电压      ▷   115.0 V             │
│   电流      ▷   20.0 A              │
│   频率      ▷   400.0 HZ            │
│ ▼                                   │
│   常规   浏览     设置      日志    │
└─────────────────────────────────────┘
```

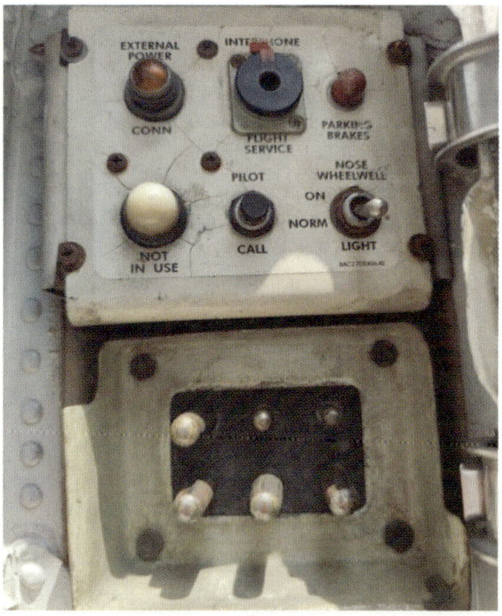

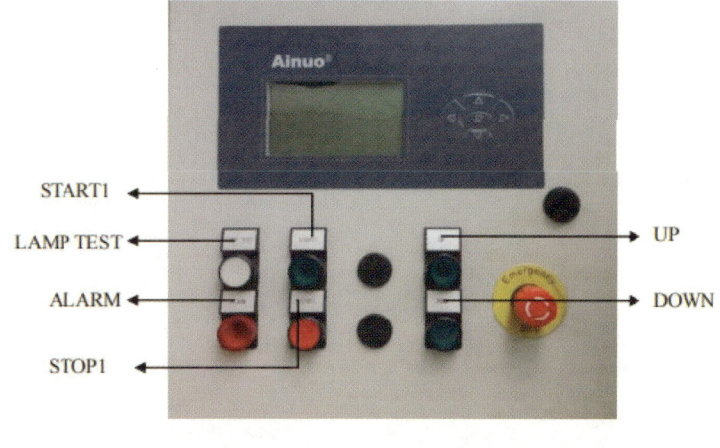

图 8-4　AN17PC 系列一体式卷筒电源显示面板

续表

1. 显示屏：用于显示电源信息。
2. ◁和▷：左右方向键，为菜单切换键，在不同的主页面之间切换。
3. △和▽：上下方向键，在页面选择时为上下翻页，在项目选择时为上下选择项目，在进入项目修改时为增减键（快增快减键）。
4. □（Set）：确认键，用于进入和退出项目。
5. LAMP TEST：电源指示灯/灯检按钮，用于指示电源状态和测试指示灯工作是否正常。电源指示灯亮，表示电源已经接入了输入电源，并且输入断路器已经闭合。灯检按钮是嵌入式的，按下，控制面板上所有指示灯亮，松开即恢复原来状态。
6. START1：启动按钮及指示灯，用于启动交流输出，正常输出时点亮。
7. STOP1：停止按钮，用于停止交流输出或复位报警。
8. ALARM：报警指示灯。在电源或外部状态出现故障时，报警指示灯会亮，电源进入报警状态，并在显示器上显示出报警信息。
9. UP：收缆按钮，用于控制卷筒进行收缆操作。
10. DOWN：放缆按钮，用于控制卷筒进行放缆操作

实作题目：B737-500 飞机地面电源使用

考生姓名：　　　　考生准考证号：

工作步骤	评分要素		
	APS（20分）	基本技能（50分）	维修作风（30分）
评估终止项：考生评估过程中出现以下任一情况时，经考评员核实后立即终止评估，评估结论为"不通过"。 1. 未实施"工具三清点"或出现丢失工具的情况。 2. 不按工卡步骤施工，跳步骤施工，违规签署工卡。 3. 缺乏"九字方针"意识，违规签署工卡。 4. 出现违反诚信要求，不按实测值，力矩值填写维修记录的情况。 5. 发生严重违反民航维修作风准则的。 6. 缺乏安全意识或出现可能造成航空器/设备损坏，人员受伤的行为			
准备 1 准备工卡、设备工具器材： 1. 工卡。 2. 工具。 3. 耗材。 4. 清点工具，确认工具处于正常状态。 5. 清点耗材，核对耗材的件号和数量。 6. 检查航空器中操作区域，如发现异常状态，尽快向教员如实汇报。 7. 清理工作场地，清除场地中的多余物	（1）设备、工具器材未准备到位，2分。 （2）未确认工具，设备状态，2分。 （3）未按要求落实工具三清点，3分。 （4）未查看量具有效期，5分。 （5）未清洁整理接机区域或施工区域残留外来物，2分		（1）未按要求穿着工作服或未实施个人防护，5分。 （2）施工中未按要求实施个人防护，5分。 （3）工具、设备等摆放零乱，3分。 （4）未按照要求检查航空器，2分。 （5）检查异常问题未举手报告，5分。 （6）未按要求填实测值，3分

续表

序号	项目	操作步骤	扣分标准
			（6）未将航空器恢复至初始状态，2分。 （7）维修记录填写不规范，2分。 （8）其他违反APS相关要求的情况，2分
2	启用地面电源设备	使用前应了解该工卡的工作步骤，使用中发现电源供给异常要立即向考官报告	（1）未在使用前应了解该工卡的工作步骤，使用中发现电源供给异常要立即向考官报告，2分。
3		检查并确认地面电源上所需设备和导线（输入、输出导线），插头接触完好无损	（2）未检查并确认地面电源上所需设备和导线（输入、输出导线），插头接触完好无损，2分。
4		打开飞机地面电源接头插座盖板（P19面板）并将地面电源上的输出导线插头连接在飞机上，并检查确认插头与插座安装牢固，接触平稳，工作可靠	（3）未打开飞机地面电源接头插座盖板（P19面板）并将地面电源上的输出导线插头连接在飞机上，接触平稳，工作可靠，4分。
5		将控制电源输入的空开打开，此时电源的输入接通，电源进行自检，如果没有检测出故障，电源自动进入待机状态，显示屏显示"交流等待使用"	（4）未将控制电源输入的空开打开，此时电源的输入接通，电源进行自检，如果没有检测出故障，电源自动进入待机状态，显示屏显示"交流等待使用"，4分。
6		启动交流电源	（5）未正确启动交流电源，6分。
7		检查显示屏上的电源电压应为115 V，频率应为400 Hz	（6）未检查显示屏上的电源电压应为115 V，频率应为400 Hz，2分。
8		确认P19面板上的"外部电源控制（EXTERNAL POWER CONN）"灯点亮，确认P19面板上的"未使用（NOT IN USE）"灯点亮	（7）未检查确认P19面板上的"外部电源控制（EXTERNAL POWER CONN）"灯点亮，确认P19面板上的"未使用（NOT IN USE）"灯点亮，4分

（7）工具、设备出现掉落，3分。
（8）其他违反维修作风要求的情况，4分。

续表

接通电源	9	打开飞机驾驶 P5 板上电瓶 DC 直流电瓶开关，电压不得低于 24 V（正常为 26 V）	（8）未打开飞机驾驶 P5 板上电瓶 DC 直流电瓶开关，电压不得低于 24 V（正常为 26 V），4 分。
	10	接通地面电源。检查 P5 板上地面电源可用信号灯亮（蓝色），打开地面电源电门，飞机供电系统进入地面电源供电	（9）未接通地面电源。检查 P5 板上地面电源可用信号灯亮（蓝色），打开地面电源电门，飞机供电系统进入地面电源供电，6 分
关闭机上电源	11	将关闭 P5 板上的地面电源电门关闭后再关闭机上的 P5 板上的飞机直流电瓶开关	（10）未将 P5 板上的地面电源电门关闭后再关闭机上的 P5 板上的飞机直流电瓶开关，4 分
	12	确认 P19 面板上的"未使用（NOT IN USE）"灯点亮	（11）未确认 P19 面板上的"未使用（NOT IN USE）"灯点亮，2 分
对地面电源断电	13	检查飞机地面电源盖板内的"EXTERNAL POWER CONN"灯和"NOT IN USE"灯光熄灭	（12）未检查飞机地面电源盖板内的"EXTERNAL POWER CONN"灯和"NOT IN USE"灯光熄灭，2 分。
	14	按下地面电源设备的"停止 STOP1"按钮，交流电源停止运行，断开相应的输出接触器，显示屏显示"交流等待使用"	（13）未按下地面电源设备的"停止 STOP1"按钮，断开相应的输出接触器，交流电源停止运行，显示屏显示"交流等待使用"，2 分。
	15	拆除地面电源与飞机连接的导线插头，并盖上电源插头处的盖板	（14）未拆除地面电源与飞机连接的导线插头，并盖上电源插头处的盖板，2 分。
	16	关机：将控制电源的输入的空开断开，此时电源的输入断开，电源关闭	（15）未将控制电源的输入的空开断开，此时电源的输入断开，电源关闭，2 分。
	17	电源电缆要收回放到架子上，电源设备盖上布罩	（16）未将电源电缆要收回放到架子上，电源设备盖上布罩，2 分

续表

			标准工时	实际工时			
收尾	18	作业区域整理清洁	20 分钟	分钟	(1)未在标准工时内完成，超时 5 分钟以内扣 3 分，超时 5 分钟以上 10 分钟以内扣 3 分，超时 5 分钟以上扣 5 分，超时 10 分钟以上强制结束评估。 (2)考评员提出的其他扣分项。		
	19	设施，设备归还到位					
	20	构型要恢复正常					
	21	落实三清点					
	22	维修记录签署完成					
考生分数			是否通过结论	是 □ 否 □	扣分值： 考评员签字	原因： 姓名： 日期：　　年　月　日	

模块 8　地面电源供电

项目拓展

模块 9　廊桥、梯架及高空作业防护

模块 9　廊桥、梯架及高空作业防护

教学目标

✈ 知识目标

1. 学生了解工作梯使用方法。
2. 学生能够说出高空作业安全防护的要点。

梯架作业微课视频

✈ 技能目标

1. 学生能够规范使用工作梯。
2. 学生能够在高空作业中正确穿戴安全防护设备。

高空作业微课视频

✈ 素养目标

1. 学生要具备"精益求精、严谨专注、耐心坚持、专业敬业"的民航工匠精神。
2. 具备"严谨、专业、诚信"的维修作风。
3. 学生能够做到:"三个敬畏——敬畏生命、敬畏规章、敬畏职责""四个意识——规章意识、风险意识、举手意识、纪律意识""五个到位——准备到位、施工到位、测试到位、收尾到位、交接到位"。
4. 学生能够正确实施"工具三清点",任务实施过程中不出现工具丢失的情况。
5. 学生能按照工卡步骤施工,不出现工卡步骤遗漏的情况,具备"九字方针"意识(看一条、做一条、签一条),诚信记录,按要求签署工卡。
6. 具备安全意识,不做出可能造成航空器/设备损坏,使人员受伤的行为。

任务导入

> 某航空公司航班落地后配餐时,一名乘务员从后舱门跌落至停机坪,该乘务员被诊断为胸十二椎体压缩性骨折。

知识准备

1. 廊桥、梯架

维修人员接近航空器后使用工作梯执行维修工作。各类型维修工作梯工作规范如图 9-1 所示。

(1)检查工作梯,确保其完好可用。例如:使用前应检查工作梯整体结构无变形、连接牢固。

(2)使用工作梯时应遵守其铭牌上的载重限值要求。

(3)确保工作台面、阶梯面无各类油脂油液、冰、雪、霜等。

(4)确保工作梯制动良好。

（5）工作梯应整齐摆放至规定区域。

（6）移动工作梯时，确保与航空器有足够的安全距离。

图 9-1　各类型维修工作梯工作规范

（7）移动工作梯靠接航空器时，速度应缓慢，工作梯与航空器应保持一定的安全距离。

（8）工作梯移动到位后应确保其处于制动状态。

（9）当航空器姿态、重心可能发生改变时，应撤离工作梯至安全区域。例如：操纵飞控舵面，收放反推，顶升航空器。

（10）维修人员在使用高工作梯（指工作平台与地面垂直距离 2 m 及以上的工作梯）时应做好安全防护措施，例如佩戴安全防护带等。

（11）使用工作梯后应摆放在指定的区域内，摆放方向应以各基地对摆放方向的具体规定为准。

（12）不常用的高大、笨重的维修梯架应远离航空器，集中摆放。

（13）工作梯的摆放场地应洁净，不应乱倒垃圾、杂物和油污。

（14）当有六级（含六级）以上大风时，应对露天停放的工作梯进行系留，必要时可以把工作梯放倒后系留。

具体的工作示例如下：

（1）准备。

① 应根据作业内容选用高度、宽度合适的维修工作梯，工作梯的摆放如图 9-2 所示。

图 9-2　工作梯的摆放

② 使用工作梯前详细阅读其铭牌，明确其载重限值及相关使用说明，工作梯铭牌如图 9-3 所示。

③ 使用前对工作梯进行检查，确保其完好可用，无损伤。

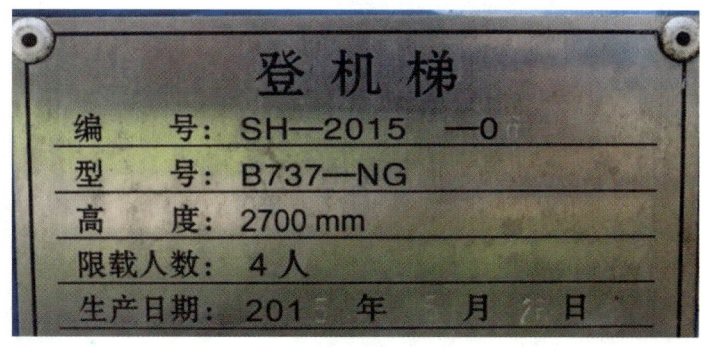

图 9-3　工作梯铭牌

（2）操作。

① 向上提解锁手柄，梯子升起。

② 双手分别推两边扶手推动梯子，推动过程中注意是否会发生碰撞。

③ 即将到位时减速，距离飞机一定距离后停止推梯子。

④ 观察梯子下尤其是支腿下是否有人员、工具、设备等，向下推手柄，梯子放下。

⑤ 放下后推动梯子检查其是否制动良好。

（3）收尾。

使用完维修工作梯后，将其推离航空器并整齐地停放于指定位置，确保工作梯处于制动状态。

2．高空作业安全防护

高空作业是指维修工作平台表面到地面垂直距离为 2 m 及以上的空中作业。从事高空作业时，维修人员必须采取安全防护措施。

具体的工作示例如下：

（1）准备。

安全带。

（2）操作。

① 检查安全带，确保其完好可用。例如检查带体有无开线、裂纹、严重磨损或断股。检查扣环有无弯曲、裂痕，扣紧后确保能够稳固锁紧带体；检查牵锁有无磨损、断丝，牵锁两端安全挂钩有无损坏等，如图 9-4 所示。

② 穿戴安全带，并检查各连接点、锁紧点是否连接稳固。

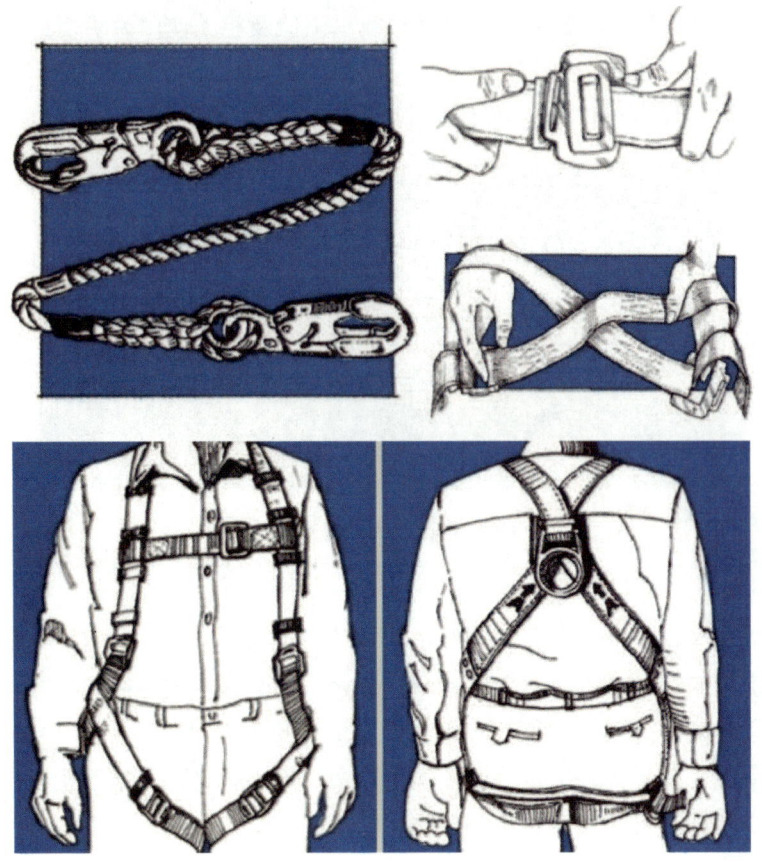

图 9-4　安全带检查

③将安全带的牵锁挂钩固定在高空作业设备平台的安全带系留点，并确保连接牢固，挂钩处于锁定位。高空作业安全带应高挂低用，安全带系留点要高于工作人员的操作平台。

④使用安全带、牵锁时，不应出现打结情况。

⑤完成高空作业后，将安全带牵锁从系留点上取下。

（3）收尾。

脱下安全带，叠放整齐并对其进行清点，归还给相关部门。

安全管理

1. 维修人员应掌握高空作业设备的操作方法及安全注意事项。

2. 确保相关设施设备安全可用。例如：高工作梯、安全带无断裂，连接牢固。

3. 确保高空作业的相关区域符合安全规范的要求。例如：设置警示牌，撤离无关人员及设备，安排警戒监控。

4. 高空作业维修人员应与地面人员或设备操作人员建立有效联系。

5. 移动高空作业设备进出作业区域时，速度应缓慢，设备与航空器应保持一定的安全距离。

6. 作业设备移动到位后应确保其处于制动状态。

7. 维修人员登上高空作业设备后，应做好安全防护措施。

8. 执行高空作业时，禁止移动高空作业设备，一旦发现异常情况应立即停止作业。

9. 执行高空作业时，应穿平底鞋。

知识整理

项目工单

飞机地面勤务技术基础工单

工卡标题 Title	B737-500 飞机的推、靠工作梯及高空作业安全防护
工具 Tool	安全带、工作梯
耗材 Material	手套

工 作 程 序 Working Procedure	工作者 Perf.By
A. 工作准备 Job Set-Up 1. 清点工具，确认工具处于正常状态。 2. 清点耗材，核对耗材的件号和数量。 3. 检查航空器中操作区域，如发现异常状态，尽快向教员如实汇报。 4. 清理工作场地，清除场地中的多余物。 5. 应根据作业内容选用高度、宽度合适的维修工作梯。 6. 使用工作梯前详细阅读其铭牌，明确其载重限值及相关使用说明。 7. 使用前对工作梯进行检查，确保其完好可用，无损伤。 8. 检查安全带是否牢固	
B. 工作步骤 Procedure 1. 推、靠工作梯。 （1）向上提解锁手柄，梯子升起。 （2）通过双手分别推两边扶手来推动梯子，推动过程中注意是否会发生碰撞。 （3）即将到位时减速，距离飞机一定距离后停止推梯子。 （4）观察梯子下尤其是支腿下有没有人员、工具、设备等，向下推手柄，梯子放下。 （5）放下后推动梯子检查是否制动良好。 2. 高空作业安全防护。 （1）检查安全带，确保其完好可用。例如：检查带体有无开线、裂纹、严重磨损或断股；检查扣环有无弯曲、裂痕，扣紧后确保能够稳固锁紧带体；检查牵锁有无磨损、断丝，牵锁两端安全挂钩有无损坏等。 （2）穿戴安全带，并检查各连接点、锁紧点连接稳固。 （3）将安全带的牵锁挂钩固定在高空作业设备平台的安全带系留点，并确保连接牢固，挂钩处于锁定位。高空作业安全带应高挂低用，安全带系留点要高于工作人员的操作平台。	

续表

工作程序 Working Procedure	工作者 Perf.By
（4）使用安全带、牵锁时，不应出现打结情况。 （5）完成高空作业后，将安全带牵锁从系留点上取下。 3. 收尾。 （1）推、靠工作梯。 使用完维修工作梯后，将其推离航空器并整齐地停放于指定位置，确保工作梯处于制动状态。 （2）高空作业安全防护。 脱下安全带，叠放整齐并对其进行清点，归还给相关部门	
C. 结束工作 Close Out 1. 检查各个指定位置保险装置安装的状态，避免出现错装、漏装的现象。 2. 清点、检查工具的状态和数量，并将工具归还至指定位置。 3. 清点、检查剩余的耗材，并将其归还至指定位置。 4. 检查、清理工作场地，确保工作场地中没有遗留任何多余物	
完工签署 Signature		完工日期 Date	

模块 9　廊桥、梯架及高空作业防护

实作题目：B737-500 飞机的推、靠工作梯及高空作业安全防护

姓名：　　　　　　　　　　学号：

工作步骤	评分要素		
	APS（20分）	基本技能（50分）	维修作风（30分）
评估终止项：考生评估过程中出现以下任一情况时，经考评员核实后立即终止评估，评估结论为"不通过"。 1. 未实施"工具三清点"或出现丢失工具的情况。 2. 不按工卡步骤施工、跳步骤或施工步骤遗漏。 3. 缺乏"九字方针"意识，违规签署工卡。 4. 出现违反诚信要求，不按实测值、力矩值填写维修记录的情况。 5. 发生严重违反民航维修作风准则的。 6. 缺乏安全意识或出现可能造成航空器设备损坏，人员受伤的行为			
准备　1	准备工卡、设备、工具器材： 1. 工卡。 2. 工具。 3. 耗材。 4. 清点工具，确认工具处于正常状态。 5. 清点耗材，核对耗材的件号和数量。 6. 检查航空器中操作区域，如发现异常状态，尽快向教员如实汇报。 7. 清理工作场地，清除场地中的多余物	(1) 设备、工具器材未准备到位，2分。 (2) 未确认工具、设备状态，2分。 (3) 未按要求落实工具三清点，3分。 (4) 未查看量具有效期，5分。 (5) 未清洁整理接机区域或施工区域残留外来物，2分。 (6) 未将航空器恢复至初始状态，2分	(1) 未按要求穿着工作服或防护鞋，5分。 (2) 施工中未按要求实施个人防护，5分。 (3) 工具、设备等摆放零乱，3分。 (4) 未按照要求检查航空器，2分。 (5) 检查异常问题未举手报告，5分。 (6) 未按要求填写实测值，3分

续表

			(7)维修记录填写不规范，2分。 (8)其他违反APS相关要求的情况，2分	(7)工具、设备出现掉落，3分。 (8)其他违反维修作风要求的情况，4分
使用工作梯	1	观察梯子下有没有人员、工具、设备等，给飞机舱门留出足够空间开关门，然后锁定梯子	(1)未观察梯子下尤其是支腿下没有人员、工具、设备等，给飞机舱门留出足够空间开关门，定梯子，4分。
	2	轻轻推动梯子检查是否制动良好	(2)未轻轻推动梯子检查是否制动良好，4分
高空作业安全防护	3	检查安全带，确保其完好可用	(3)未推动梯子检查其制动是否制动良好，8分
	4	穿戴安全带，并检查各连接点、锁紧点连接稳固	(4)未检查安全带各连接点、锁紧点是否连接稳固，8分
	5	使用安全带、牵锁时，不应出现打结情况	(5)未使用安全带，确保工作梯处于制动状态，4分
	6	完成高空作业后，将安全带锁从系留点上取下	(6)未在完成高空作业后，将安全带锁从系留点上取下，4分
收尾工作	7	确保工作场地不掉落任何工具	(7)未脱下安全带，4分
	8	脱下安全带，叠放整齐并进行清点，归还给相关部门	(8)未正确归位工作，6分
	9	使用完维修工作梯后，将其推离航空器并整齐地停放于指定位置，确保工作梯处于制动状态	(9)未确保工作梯处于制动状态，8分

续表

	10	作业区域整理清洁	
收尾	11	设施、设备归还到位	
	12	构型要恢复正常	
	13	落实"三清点"	
	14	维修记录签署完成	
标准工时	20 分钟	实际工时 ___ 分钟	（1）未在标准工时内完成，超时 5 分钟以内扣 3 分，超时 5 分钟以上扣 5 分，超时 10 分钟以上强制结束评估。 （2）考评员提出的其他扣分项： 扣分值：
考生分数		是否通过结论 是□ 否□	考评员签字 姓名： 日期： 年 月 日

项目拓展

模块 10　驾驶舱清洁

教学目标

知识目标

1. 学生了解驾驶舱清洁的工作规范。
2. 学生能够说出风挡清洁的工作要点。

航空器清洁（驾驶舱清洁）
微课视频

技能目标

1. 学生能够规范进行驾驶舱清洁。
2. 学生能够正确完成风挡清洁。

素养目标

1. 学生要具备"精益求精、严谨专注、耐心坚持、专业敬业"的民航工匠精神。
2. 具备"严谨、专业、诚信"的维修作风。
3. 学生能够做到："三个敬畏——敬畏生命、敬畏规章、敬畏职责""四个意识——规章意识、风险意识、举手意识、纪律意识""五个到位——准备到位、施工到位、测试到位、收尾到位、交接到位"。
4. 学生能够正确实施"工具三清点"，任务实施过程中不出现工具丢失的情况。
5. 学生能按照工卡步骤施工，不出现工卡步骤遗漏的情况，具备"九字方针"意识（看一条、做一条、签一条），诚信记录，按要求签署工卡。
6. 具备安全意识，不做出可能造成航空器/设备损坏，使人员受伤的行为。

任务导入

> 航空器运行过程中，内部和外部相关区域会积存油液、灰尘、碎屑和昆虫尸体等污染物，因此需要清洁航空器。例如：驾驶舱清洁、风挡清洁、减震支柱镜面清洁、轮舱清洁、机身外表清洗等。

知识准备

航空器清洁有助于机体防腐，电子部件散热，保持航空器的气动平滑性，维修人员及时发现缺陷，为机组人员提供良好的驾驶环境。

1. 驾驶舱清洁

执行驾驶舱清洁工作，可以减少因电子设备通风系统故障导致的航班延误，给机组提供良好的驾驶舱飞行环境。执行航空器清洁工作时，维修人员对于设备准备、清洁操作、安全风险措施等，都应严格遵守设备制造厂家的使用说明及航空器制造厂家维修手册的要求。

（1）驾驶舱清洁区域。

驾驶舱清洁区域包括以下几部分：

① 地板区域：包括驾驶舱门向前的过道地板及盖板，观察员座椅下方区域的地板，驾驶员座椅周围及下方区域的地板及盖板，脚蹬区域的地板及盖板。

② 壁板区域：包括驾驶舱门向前的过道两侧区域的装饰板及储存柜，驾驶员侧面的所有装饰板，头顶板两侧的天花板，所有风挡的框架区域的装饰板，遮光板上部的装饰板以及中央操作台两侧的装饰板。

③ 空调出风口。

④ 头顶控制面板区域。

⑤ 中央控制台、前仪表板区域。

⑥ 驾驶杆和驾驶员座椅：包括驾驶杆主体杆部位及手柄和各操作电门，驾驶员座椅的姿态调节手柄、安全带、头枕等。

⑦ 其他区域：氧气面罩及氧气管、手执灭火瓶、手执灯及灯线、PBE 安装盒等各零散部件及其他安装架。

737-500 型飞机驾驶舱如图 10-1 所示。

图 10-1　737-500 型飞机驾驶舱

（2）工作规范。

① 应使用柔软、干净不起毛的抹布轻柔地擦拭显示器表面。

② 应严格遵守"工具三清点"的要求，防止工具设备遗留在驾驶舱。

③ 清洁时应先使用吸尘器吸除明显灰尘颗粒和污染物。

④ 如果发现控制面板区域有液体污染痕迹，则执行以下工作：

a. 对于有可能进水的部件或区域，应进行详细检查。例如：对于电插头，应脱开检查。

b. 对相关系统进行测试，确保工作正常。

⑤ 在清洁剂中浸湿抹布，拧干后擦拭驾驶舱相关区域。禁止将清洁剂直接倒在待清洁表面上。

⑥ 应使用干抹布将清洁后的表面擦干。

⑦ 清洁控制面板时应防止误触碰驾驶舱内各操作手柄、电门等。

（3）工作示例。

实际维修工作应严格遵守维修手册及设备制造厂家使用说明的要求，下面以波音737-500型飞机为例。

① 准备。

a. 接收维修任务：领取或打印维修工作单卡。

b. 领用工具设备、器材：

- 毛刷、麂皮布、吸尘器、干净不起毛的抹布、口罩；
- 清洁剂。

② 操作。

a. 使用毛刷和吸尘器清洁控制面板和中央操纵台上的灰尘、毛絮等垃圾。

b. 使用麂皮布清洁前仪表板区域的显示屏。

c. 使用蘸有清洁剂的抹布擦拭驾驶员常操作的部件，包括手柄、电门、旋钮等；使用蘸有清洁剂的抹布清洁装饰板。

d. 使用吸尘器清洁驾驶舱地板。

e. 填写工卡。

③ 收尾。

a. 工作收尾。

- 清点工具。
- 恢复工作现场。
- 确保维修工作单卡、飞行记录本等维修记录已完成签署。

b. 归还工具设备。

c. 将维修工作单卡等维修记录反馈给相关部门。

2. 驾驶舱风挡清洁

通过驾驶舱风挡清洁工作，可以给机组提供良好的目视条件。执行航空器驾驶舱风挡清洁工作时，维修人员对于设备准备、清洁操作、安全风险措施等，都应严格遵守设备制造厂家的使用说明及航空器制造厂家维修手册的要求。

（1）工作规范。

① 确保风挡加温电门在关断位。

② 清洁风挡玻璃时应避免损伤风挡表面。

③ 擦拭时用力轻柔。

④ 按要求完成风挡外表面的清洁工作。例如：使用干净不起毛的抹布将符合比例的清洁剂涂抹至风挡玻璃表面，并使用麂皮布沾肥皂水进行擦拭。擦拭干净后，使用清水彻底冲洗，

并使用拧干的麂皮布擦干。

⑤ 按要求完成风挡内表面的清洁工作。例如：使用干净不起毛的抹布将肥皂水涂抹至风挡玻璃内表面，并进行擦拭。擦拭干净后，使用拧干的麂皮布擦干。

（2）工作示例。

实际维修工作应严格遵守维修手册及设备制造厂家使用说明的要求，下面以波音737-500型飞机为例。

① 准备

a. 接收维修任务：领取或打印维修工作单卡。

b. 领用工具设备、器材：

· 麂皮布、不起毛的抹布、警告标识。

· 专用清洁剂。

② 操作

a. 将风挡加温电门放到 OFF 位，如图 10-2 所示。

图 10-2　风挡加温电门

警告：清洁时必须关断风挡加温系统的电源，以防止人员遭受电击。

b. 拔出以下跳开关，并挂警告标识。

机长后侧电气系统跳开关面板，P18-3。

行	列	电气设备号	名称
B	1	C00055	ANTI-ICE & RAIN WSHLD WIPER RIGHT
B	3	C00054	ANTI-ICE & RAIN WSHLD WIPER LEFT

副驾驶后侧电气系统跳开关面板，P6-11。

行	列	电气设备号	名称
B	8	C00393	WINDOW HEAT POWER RIGHT SIDE
B	9	C00228	WINDOW HEAT POWER LEFT FRONT

副驾驶后侧电气系统跳开关面板，P6-12。

行	列	电气设备号	名称
B	8	C00394	WINDOW HEAT POWER RIGHT FRONT
B	9	C00392	WINDOW HEAT POWER LEFT SIDE

c. 清洁驾驶舱风挡内表面。

（a）对于带有厌水涂层的风挡，执行以下步骤：

使用干净不起毛的抹布蘸取50∶50的酒精和水的混合液涂抹至风挡玻璃内表面，并进行擦拭。擦拭干净后，使用拧干的麂皮布擦干。

注意：不要使用研磨性清洁剂或含有氟化物的清洁剂。因为这些清洁剂会去除厌水层。

（b）对于不带有厌水涂层的风挡，执行以下步骤：

使用干净不起毛的抹布蘸取肥皂水涂抹至风挡玻璃内表面，并进行擦拭。擦拭干净后，使用拧干的麂皮布擦干。

注意：不要使用干抹布直接擦拭风挡，可能会划伤风挡。

d. 清洁驾驶舱风挡外表面。

（a）对于带有厌水涂层的风挡，执行以下步骤：

使用干净不起毛的抹布蘸取50∶50的酒精和水的混合液涂抹至风挡玻璃外表面，并使用干净的、湿的麂皮布或者抹布擦干风挡。

注意：不要使用研磨性清洁剂，或含有氟化物的清洁剂，因为这些清洁剂会去除厌水层。

（b）对于不带有厌水涂层的风挡，执行以下步骤：

使用麂皮布或不起毛的抹布将肥皂水涂抹至风挡玻璃外表面，擦拭干净后，使用清水彻底冲洗，并使用干净的、湿的麂皮布或者抹布擦干风挡。

注意：不要使用干抹布直接擦拭风挡，可能会划伤风挡。

e. 填写工卡。

3. 收尾

（1）工作收尾。

① 清点工具。

② 恢复飞机状态：闭合相应的跳开关，并取下警告标识。

③ 确保维修工作单卡、飞行记录本等维修记录已完成签署。

（2）归还工具设备。

（3）将维修工作单卡等维修记录反馈给相关部门。

安全管理

（1）特别注意设备在航空器附近移动或接近航空器的相关风险，确保其人员按照航空运营人的要求接受培训。

（2）确保地面支援设备与机身不发生任何接触，尤其是接近航空器舱门的地面支援设备，这通常被称为"禁止接触政策"（可以考虑某些例外，例如廊桥）。

（3）地面支援设备就位后，所有地面支援设备和航空器之间应保持足够的间距，使机身能够在整个地面服务过程中垂直移动。

（4）与航空器客舱门相连接的地面设备（例如客梯、配餐车辆等），应具有足够宽度的平台，以便在设备就位和安全围栏安放的情况下打开或关闭航空器舱门。

知识整理

项目工单

飞机地面勤务技术基础工单

工卡标题 Title	B737-500 飞机的驾驶舱、风挡清洁
工具 Tool	鹿皮布、吸尘器
耗材 Material	酒精、无绒布、肥皂、水

工 作 程 序 Working Procedure	工作者 Perf.By
A. 工作准备 Job Set-Up 1. 清点工具，确认工具处于正常状态。 2. 清点耗材，核对耗材的件号和数量，检查航空器中操作区域，如发现异常状态，尽快向教员如实汇报。 3. 清理工作场地，清除场地中的多余物	
B. 工作步骤 Procedure 1. 准备清洁机舱窗户内表面。 警告：清洁窗户时，必须关闭窗户加热系统的电源。这将有助于防止人员触电受伤。 （1）确保窗户加热开关关闭。 （2）打开窗户加热跳开关。 2. 清洁机舱窗户内表面。 警示：不要使用研磨剂或含有氟化物的清洁剂清洗有水性涂层的窗户。这些清洁剂会去除疏水层。 （1）对于窗户有疏水涂层的飞机，按照以下步骤操作。 注：涂有疏水性涂层的窗户将在窗户部件号旁边用"疏水性涂层挡风玻璃"字样标识。 用无绒布 G00834 将酒精 B00130 和去离子水 G02418，以 50：50 的比例混合后涂抹在窗户的内表面。 注意：建议不要在丙烯酸玻璃上使用酒精、B00130 和去离子水 G02418 的比例为 50：50 的混合物。 （2）用 B00106 麂皮布在窗户内表面涂上肥皂 G01989 溶液。 （3）用尽可能轻的压力清洁窗户。 （4）用清水洗掉窗户上的肥皂、G01989 溶液。 （5）用干净、潮湿的 B00106 布擦干窗户	

续表

工 作 程 序 Working Procedure	工作者 Perf.By
3. 让飞机恢复正常状态。 （1）关闭窗户热断路器。 （2）确保窗户的加热跳开关处于打开状态。 4. 准备清洁机舱窗户外表面。 警告：清洁窗户时，必须关闭窗户加热系统的电源。这将有助于防止人员触电受伤。确保窗户加热跳开关关闭。 5. 清洁机舱窗户外表面。 警示：不要使用研磨剂或含有氟化物的清洁剂清洗有水性涂层的窗户。这些清洁剂会去除疏水层。对于窗户有疏水涂层的飞机，按照以下步骤操作： 注意：涂有疏水性涂层的窗户将在窗户部件号旁边用"疏水性涂层挡风玻璃"字样标识。 用无绒布 G00834 将酒精 B00130 和去离子水 G02418 以 50∶50 的比例混合后涂抹在窗户外表面。 注意：建议不要在丙烯酸玻璃上使用酒精、B00130 和去离子水 G02418 比例为 50∶50 的混合物。 （1）用 B00106 麂皮布或可选的 G00834 无绒布，在窗户外表面涂上肥皂，G01989 溶液。 （2）用尽可能轻的压力清洁窗户。 （3）用清水洗掉窗户上的卡斯蒂尔肥皂、G01989 溶液。 （4）用干净、潮湿的 B00106 布擦干窗户	
C. 结束工作 Close Out 1. 检查各个指定位置保险装置安装的状态，避免出现错装、漏装的现象。 2. 清点、检查工具的状态和数量，并将工具归还至指定位置。 3. 清点、检查剩余的耗材，并将其归还至指定位置。 4. 检查、清理工作场地，确保工作场地中没有遗留任何多余物	
完工签署 Signature	完工日期 Date	

项目评估单

实作题目：航后勤务（B737-500 飞机驾驶舱清洁）

姓名： 　　　　　学号：

评估终止项：考生评估过程中出现以下任一情况时，经考评员核实后立即终止评估，评估结论为"不通过"。
1. 未实施"工具三清点"或出现丢失工具的情况。
2. 不按工卡步骤施工，跳步施工步骤或施工步骤遗漏。
3. 缺乏"九字方针"意识，违规签署工卡。
4. 出现违反诚信要求，不按实测值、力矩值填写维修记录的情况。
5. 发生严重违反民航维修作风准则的。
6. 缺乏安全意识或出现可能造成航空器/设备损坏，人员受伤的行为

	工作步骤	评分要素		
		APS（20分）	基本技能（50分）	维修作风（30分）
准备 1	准备工卡、设备/工具器材： 1. 清点工具，确认工具处于正常状态。 2. 清点耗材，核对耗材的件号和数量。 3. 检查航空器中操作区域，如发现异常状态，尽快向教员如实汇报。 4. 清理工作场地，清除场地中的多余物	（1）设备、工具器材未准备到位，2分。 （2）未确认工具、设备状态，2分。 （3）未按要求落实工具三清点，3分。 （4）未查看量具有效期，5分。 （5）未清洁整理接机区域或施工区域残留外来物，2分		（1）未按要求穿着工作服或防护鞋，5分。 （2）施工中未按要求实施个人防护，5分。 （3）工具、设备等摆放零乱，3分。 （4）未按照要求检查航空器，2分。 （5）检查异常问题未举手报告，5分

续表

阶段	序号	操作内容	标准工时	扣分项
清洁准备	2	准备清洁机舱窗户内表面		（1）未正确准备清洁机舱窗户内表面，10分
清洁过程	3	清洁机舱窗户内表面		（2）未正确清洁机舱内表面，20分
	4	清洁机舱窗户外表面		（3）未正确清洁机舱外表面，20分
	5	检查各个电门是否复位，清洁后驾驶舱活动窗是否关好	20分钟	（6）未将航空器恢复至初始状态，2分。（7）维修记录填写不规范，2分。（8）其他违反APS相关要求的情况，2分
收尾	6	清点、检查工具的状态和数量，并将工具归还至指定位置		（6）未按要求填写实测值，3分。（7）工具、设备出现掉落，3分。（8）其他违反维修作风要求的情况，4分
	7	清点、检查剩余的耗材，并将其归还至指定位置		
	8	检查、清理工作场地，确保工作场地中没有遗留任何多余物		
	9	签署工卡		
标准工时		20分钟	实际工时	分钟
是否通过结论		是 □ 否 □	（1）未在标准工时内完成，超时10分钟以上强制结束评估，超时5分钟以内扣3分，超时5分钟以上扣5分。（2）考评员提出的其他扣分项。扣分值： 原因：	
学生分数			考评员签字	姓名： 日期： 年 月 日

项目拓展

模块 11　除防冰

模块 11　除防冰

除防冰（一）微课视频

1. 学生了解航空器进出港指挥的意义。
2. 学生能够说出进出港指挥的要点。

技能目标

1. 学生能够规范做出进出港指挥动作。
2. 学生能够在实际工作中应用进出港指挥动作。

除防冰（二）微课视频

1. 学生要具备"精益求精、严谨专注、耐心坚持、专业敬业"的民航工匠精神。
2. 具备"严谨、专业、诚信"的维修作风。
3. 学生能够做到："三个敬畏——敬畏生命、敬畏规章、敬畏职责""四个意识——规章意识、风险意识、举手意识、纪律意识""五个到位——准备到位、施工到位、测试到位、收尾到位、交接到位"。
4. 学生能够正确实施"工具三清点"，任务实施过程中不出现工具丢失的情况。
5. 学生能按照工卡步骤施工，不出现工卡步骤遗漏的情况，具备"九字方针"意识（看一条、做一条、签一条），诚信记录，按要求签署工卡。
6. 具备安全意识，不做出可能造成航空器/设备损坏，使人员受伤的行为。

任务导入

当落地的飞机滑行到停机坪时，机坪上有这样一个人，穿着荧光黄色马甲，熟练地用指示棒打着"左转""前进"等航标，指挥飞机停靠，紧接着又和同事一起对飞机进行维护检查。他们说"我们这个职业不光夏天要在太阳下晒着，冬天也要在严寒中站着，就算刮风、下雨也要坚守在岗位上。虽然很辛苦，但只要能保证市民乘机出行安全，我们的汗水和付出就是值得的。"

知识准备

1. 飞机结冰对飞行性能的影响

（1）飞机结冰的两个必要条件：高湿度+负温。

（2）结冰对飞机的危害：结冰会降低飞机的飞行性能，改变飞行特性，增加飞机的重量，限制飞机操纵面的活动范围，大气数据探头结冰不仅会导致仪表误差，还会酿成发动机外来物损伤、喘振，甚至失效的后果。1969～2005年，在世界范围内，由于结冰引起的飞行事故已造成 500 多人死亡及在财产方面的重大损失。

（3）机翼和尾翼结冰的影响。

翼型阻力增加，降低升力破坏原来的流线外形，使气流产生局部分离，增大摩擦阻力和压差阻力。结冰后阻力相对升力增加更快，升阻比降低，机翼空气动力品质变坏。

（4）发动机进气部件结冰的影响。

发动机进气部件包括：发动机进气道前缘、压气机前缘整流罩、第一级压气机前的导流叶片等。

进气道前缘特点：类似机翼结冰情况，但有其特殊性，结冰区域比机翼大，由于气流在进气道内加速，温度下降，所以环境温度为正温（如 5~10 ℃）时也可能结冰。

发动机进气部件结冰的影响：破坏它们的气动外形；减小进气道面积、压气机相邻叶片空气流通面积，使进入发动机空气流量减小，功率下降；出现结冰不对称、不均匀以及脱落等情况，破坏转子动平衡，造成振动，甚至导致发动机轴承损坏；脱落的冰块随高速气流进入压气机，打在叶片上可能造成压气机的损坏。

2. 飞机防冰、除冰方法

（1）电热防冰系统。

通过向加温元件通电产生热量，使冰融化。主要应用于小面积、小部件的防冰，如：空速管、迎角探测器、总温探头、水管、驾驶舱风挡、螺旋桨等。

（2）液体防冰系统。

一种物理防冰方法，借助某种液体（防冻液）减小冰与飞机表面附着力或降低飞机表面冻结温度。防冻液：乙烯乙二醇（美）、乙醇类（俄）主要应用于风挡玻璃防冰及螺旋桨等部件的防冰。但因消耗量大、飞机增重大，喷液口易堵塞，维修不便，在现代飞机中用得较少。

（3）热空气防冰系统。

热源充足，能量大，常用于机翼、尾翼、发动机唇口大面积防冰。热空气来源：现代民航飞机多采用发动机压气机引气，发动机排气热交换器应用于活塞发动机，燃烧加温器应用于早期的一些飞机型号。

安全管理

（1）特别注意设备在航空器附近移动或接近航空器的相关风险，确保其人员按照航空运营人要求接受培训。

（2）确保地面支援设备与机身不发生任何接触，尤其是接近航空器舱门的地面支援设备，这通常被称为"禁止接触政策"（可以考虑某些例外，例如廊桥）。

（3）地面支援设备就位后，所有地面支援设备和航空器之间应保持足够的间距，使机身能够在整个地面服务过程中垂直移动。

（4）与航空器客舱门相连接的地面设备（例如客梯、配餐车辆等），应具有足够宽度的平台，以便在设备就位和安全围栏安放的情况下打开或关闭航空器舱门。

知识整理

项目工单

飞机地面勤务技术基础工单

工卡标题 Title	B737-500 除防冰
工具 Tool	轮挡、警示锥
耗材 Material	毛巾（按需）、手套（按需）

工 作 程 序 Working Procedure	工作者 Perf.By
注意事项： 1. 在地面结冰条件下，必须在起飞前完成以下航空器外部检查内容（确定除冰/防冰要求的检查内容）。 2. 透明冰是很难看到的，如果天气条件适合透明冰的生成，需要用手触摸以确保没有透明冰附着在机身上（左侧靠近机身的1/3机翼表面和前缘）	
工作步骤	
A. 工作准备 Job Set-Up 1. 检查、清点工具，确保工具处于可用状态。 2. 检查、清点耗材。 3. 清理场地中的多余物；彻底清除轮挡警示锥放置区的霜、冰、雪和油污	
B. 工作步骤 Procedure 1. 检查以下区域是否存在冰、雪、半融雪或霜。 ① 机翼，包括翼尖小翼的表面是否存在冰、雪、半融雪或霜。 ② 机翼，包括翼尖小翼和水平尾翼的前缘表面有无冰、雪、半融雪或霜。 ③ 检查发动机进气道有无冰、雪、霜、半融雪，确定风扇叶片可以自由转动。 ④ 空调进、排气口和前后外溢流活门清洁无堵塞。 ⑤ 起落架和起落架舱门无冰、雪、霜、半融雪。 ⑥ 机身表面必须无冰、雪、半融雪。机身上部允许存在薄白霜，但必须保证所有的通风口无堵塞	
2. 除冰防冰构型。 在进行除冰/防冰工作前，确保飞机进入除冰/防冰构型（注：以下程序仅适用于地面人员，飞行机组请参考 FCOM 的相关程序，如飞行机组在驾驶舱的情况下，地面人员需向飞行机组确认飞机进入除冰/防冰构型）。 ① 设置停留刹车。 ② 将襟翼、缝翼、扰流板收回到收藏位。 ③ 作为安全措施，一般要求不运行发动机或 APU	

续表

工 作 程 序 Working Procedure	工作者 Perf.By
3. 除冰/防冰工作。 在喷洒除冰液或者防冰液时，不能将除冰液或防冰液直接喷洒或喷进以下区域：发动机和 APU 的进气口、排气口、发动机反推、发动机进气口。 吊架上的探测器、发动机引气管、风挡和冷的客舱窗子、飞机外的传感器和探头、静压孔。	
4. 除冰后检查。 ① 完成外部检查内容。 ② 检查皮托管、发动机进气道、静压孔的开口以及全温探头、迎角传感器无阻塞，无冰、雪、霜或防冰液，迎角传感器叶片能自由转动。 ③ 发动机进气道内的冰雪被清除干净，发动机进气道区域和探头均无雪聚集。风扇叶片转动自如，在冰雾情况下检查风扇叶片背面有无结冰。 ④ 确保所有的进气口、排气口和排放口无冰、雪或霜。 ⑤ 必须在放行前清除驾驶舱玻璃的所有除冰/防冰液，特别注意检查有雨刮的玻璃，对于在滑行或起飞时除冰/防冰液可能从其上流到驾驶舱玻璃上的区域，也必须清洁干净。 ⑥ 如果怀疑封严冻结或平衡板舱有阻塞情况，在用动力驱动控制面之前先用人工操作检查。 如果在以上检查中发现有冰、雪、霜，再次完成除冰/防冰工作	
C. 结束工作 Close Out 完成除冰和防冰工作及检查后，确保飞机恢复至正常构型（注：以下程序仅适用于地面人员，飞行机组请参考 FCOM 的相关程序，如飞行机组在驾驶舱的情况下，地面人员需向飞行机组确认飞机解除除冰/防冰构型） （1）若 APU 和发动机在除防冰时为运转状态，除冰结束后让 APU 或者发动机持续运行几分钟。 （2）在除防冰完后等待 3~4 min 后再按需开启发动机或 APU 引气活门。 （3）按需打开 APU 和发动机引气活门和空调。 （4）视情况解除停留刹车	
完工签署 Signature		完工日期 Date	

项目评估单

实作题目：B737-500 除防冰

姓名：　　　　　　　学号：

工作步骤	评分要素		
	APS（20分）	基本技能（50分）	维修作风（30分）

评估终止项：考生评估过程中出现以下任一情况时，经考评员核实后立即终止评估，评估结论为"不通过"。

1. 未实施"工具三清点"或出现丢失工具的情况。
2. 不按工卡步骤施工、跳步骤或施工步骤遗漏。
3. 缺乏"九字方针"意识，违规签署工卡。
4. 出现违反诚信要求，不按实测值，力矩值填写维修记录的情况。
5. 发生严重违反民航维修作风准则的。
6. 缺乏安全意识或出现可能造成航空器/设备损坏、人员受伤的行为

	工作步骤	APS	基本技能	维修作风
准备	1	准备工卡、设备/工具/器材： 1. 清点工具，确认工具处于正常状态。 2. 清点耗材，核对耗材的件号和数量。 3. 检查航空器中操作区域，如发现异常状态，尽快向教员如实汇报。 4. 清理工作场地，清除场地中的多余物	（1）设备、工具器材未准备到位，2分。 （2）未确认工具、设备状态，2分。 （3）未按要求落实工具三清点，3分。 （4）未查看量具有效期，5分。 （5）未清洁整理接机区域或施工区域残留外来物，2分	（1）未按要求穿着工作服或防护鞋，5分。 （2）施工中未按要求实施个人防护，5分。 （3）工具、设备等摆放零乱，3分。 （4）未按照要求检查航空器，2分。 （5）检查异常问题未举手报告，5分

续表

序号	项目	内容	扣分项	
2	检查是否存在结冰	正确检查机翼、空调进气口、发动机进气口、起落架区域是否存在结冰情况	（1）未正确检查各主要部件结冰情况，10分	（6）未按要求填写实测值，3分 （7）工具、设备出现掉落，3分 （8）其他违反维修作风要求的情况，4分
3	设置除冰防冰构型	在进行除冰/防冰工作前，确保飞机进入除冰/防冰构型	（2）除冰工作前，未设置构型，10分	
4	除冰防冰工作	正确进行除冰防冰工作	（3）未正确喷洒除防冰液，10分	
5	除冰后检查	除冰工作结束后，正确检查机翼、发动机进气口、起落架区域是否存在结冰情况	（4）除冰工作结束后，未再次主要部件检查结冰情况，10分	
6		除冰工作结束后，再次主要部件检查结冰情况		
7	收尾	清点、检查工具的状态和数量，并将其归还至指定位置	（6）未将航空器恢复至初始状态，2分 （7）维修记录填写不规范，2分 （8）其他违反APS相关要求的情况，2分	
8		清点、检查剩余的耗材，并将其归还至指定位置		
9		检查、清理工作场地，确保工作场地中没有遗留任何多余物		
10		签署工卡		

标准工时	20分钟	实际工时	分钟

（1）未在标准工时内完成，超时10分钟以上强制结束评估。超时5分钟以内扣3分，超时5分钟以上扣5分，超……

（2）考评员提出的其他扣分项。扣分值：

是否通过结论	是 □　否 □	原因：

学生分数		考评员签字	姓名：　　　　日期：　　年　　月　　日

项目拓展

参考文献

[1] 飞行标准司. CCAR-66R3 民用航空器维修人员执照管理规则[EB/OL]. [2020-07-01]. http://www.caac.gov.cn/XXGK/XXGK/MHGZ/202006/t20200608_202988.html

[2] 中国民航局. 航空器维修基础知识和实作培训规范[EB/OL]. [2020-06-15]. http://www.caac.gov.cn/XXGK/XXGK/GFXWJ/202006/t20200623_203241.html

[3] 江苏无国界航空发展有限公司. 民用航空航线维修（初、中、高级）[M]. 北京：北京师范大学出版社，2021.

[4] 任仁良. 维修基本技能（ME、AV）[M]. 北京：清华大学出版社，2010.